超圖解

打造高動能/高績效團隊：關鍵88堂課

戴國良 博士 著

高效率+高效能的團隊→創造高營收及高獲利率

五南圖書出版公司 印行

作者序言

一、本書緣起

　　一家公司的成敗，最核心的重要因素，在於「人才」，得人才者，得天下也。而「人才」聚集在一起，就形成各種「團隊」（team），從幾十人的小團隊、到幾百人的中型團隊，再到幾千人、幾萬人的大型團隊；而團隊好不好、強不強、團不團結，就會影響整個公司的最終經營績效與成果。

　　所以，團隊的成效，大大攸關公司整體與長期經營成敗。因此，公司每個主管及員工，人人必須要有如何打造高績效與高動能團隊的實務知識。而這就是本書《超圖解打造高動能／高績效團隊：關鍵 88 堂課》撰寫的緣起。

二、本書特色

　　本書具有以下 6 大特色：

（一）全國第一本：

　　本書是探討如何成功打造優良團隊、高績效團隊、高動能團隊的國內本土化第一本團隊經營管理商業書。

（二）全方位實務知識：

　　本書內容涵蓋了打造高績效團隊及團隊外的全方位實務知識，可說內容非常完整。

（三）不是理論，而是實務／實戰：

　　作者我本人過去也曾在大型企業工作過 16 年；另在大學教書也有 20 年，擔任企業顧問也有 5 年，可說我不是象牙塔裡只會唸書的企管博士，而是實戰型的企管博士。

（四）團隊各級主管必讀的一本書：

　　本書也是各種大大小小領導團隊的各級主管所必讀的一本書；如此，才會把這個團隊領導出高績效／高動能出來。

（五）教育訓練及讀書會的最佳教材：

　　本書也可以成為中大型公司的內部組織的教育訓練及讀書會的最佳教材內容，必有助於提升整個團隊的思考力、執行力、決策力、成長力、團結力與績效力。

（六）超圖解，易於閱讀：

　　本書完全以圖解式的撰寫表達方式，不會有太多冗長的文字，而是以精簡文字＋圖解表達方式形式，有助於每位讀者的快速及重點式的方便閱讀。

三、祝福與感謝

　　本書能夠順利撰寫及完成出版，很感謝五南出版公司的商管編輯群的各位主編們的協助及支持；以及各位讀者們的鼓勵及需求，使我在無數個漫漫長夜中，能堅持毅力而順利完成此書的撰寫。

　　最後，祝福各位讀者們、上班族們、老師們、同學們，大家的人生，都能充滿：開心的、成長的、成就的、健康的、正向的、快樂的、成功的美麗人生旅程，在每一分鐘的歲月中。謝謝大家，感恩大家。

作者　戴國良

mail：taikuo@mail.shu.edu.tw

taikuo1960@gmail.com

目錄

作者序言　　iii
引言篇　團隊的定義與 4 種不同規模大小　　xi

第一篇　如何打造高績效／高動能團隊（團隊內篇）　001

第 1 堂	團隊應做好 12 種管理，才能為公司創造高動能及高績效	002
第 2 堂	團隊要能永保產品與服務的高品質、穩定品質及不斷升級品質	004
第 3 堂	用人哲學 20 字：知人善任、分層負責、充分授權、用人不疑、疑人不用	006
第 4 堂	團隊成員人人都能發揮最大潛能出來	008
第 5 堂	團隊應做好人才管理的「DEI」主流要求	010
第 6 堂	團隊要做好對顧客的五個值：高 CP 值、高 EP 值、高顏值、高 TP 值、高品質	012
第 7 堂	團隊要努力創造員工、公司、股東三贏的終極目標，才可稱為優良團隊	014
第 8 堂	團隊要能不斷提升對成員們的獎勵，以及激勵有效作為	015
第 9 堂	團隊經營成功的 3P 管理原則	017
第 10 堂	集團內跨公司團隊間的資源分享、支援、協作，可創造更高綜效	018
第 11 堂	團隊要建立穩固的、強大的公司必備 14 項基礎資源實力	019
第 12 堂	團隊成員每個人必須具備主動、積極性，不可被動、消極性	021
第 13 堂	團隊應配備最先進製造設備，才能做出第一流產品	022
第 14 堂	團隊應建立主管職務代理人制度，隨時有人可以接替	024
第 15 堂	團隊要保有持續性的創新性與創造性能力及作為，才能長久存活下去	026
第 16 堂	團隊經營最重要 2 大支柱→軟體：人才；硬體：設備	029
第 17 堂	團隊要能持續開發出「好賣的」新產品及新品牌	030

第 18 堂	團隊面對經營問題時的三「立」法則：立刻討論→立刻決定→立刻執行	031
第 19 堂	團隊要建立、打造出整個的「組織能力」，而不只是「個人能力」	032
第 20 堂	團隊領導人的決策要果斷！不可拖延不決	034
第 21 堂	團隊要重視「工作細節」，魔鬼都藏在細節裡	036
第 22 堂	團隊必須要求大家「團隊合作」，絕不要有個人英雄主義的不合作	038
第 23 堂	團隊必須做好對人才團隊的「培訓」及「教育訓練」工作	040
第 24 堂	團隊要打造出可使成員不斷成長與晉升的新舞台及新空間	042
第 25 堂	要使團隊成員都能認股，成為公司的股東及老闆	043
第 26 堂	團隊必須建立起完整、正確、有效的各種「管理機制」	044
第 27 堂	團隊必須建立起高遠、宏大、長期、具挑戰性的「企業願景」	045
第 28 堂	團隊要設定每階段、每年度的「目標管理」，並且使命必達	047
第 29 堂	團隊經營必先做好、做強「企業價值鏈」的附加價值工作	049
第 30 堂	團隊必須擁有各部門卓越、優秀、有能力的一級主管領導幹部	050
第 31 堂	團隊做任何事，必須具備：「O-S-P-D-C-A」6 大管理循環工作法則	051
第 32 堂	團隊必須營造出優良的與深化的「企業文化」	053
第 33 堂	團隊成員必須建立起人人都勇於「當責」的心態	055
第 34 堂	團隊各級主管必須做到八個字：無私、無我、公平、公正	056
第 35 堂	團隊要做好成員對公司的「參與度」與「滿意度」管理	057
第 36 堂	團隊長官應允許成員為創新而犯錯，但要在犯錯中反省及進步	058
第 37 堂	團隊必須建立任何事都必須有定期檢核、查核、考核的制度及規範	060
第 38 堂	團隊必須建立／培養出具備卓越能力與品德能力的每一代最高領導人	061
第 39 堂	團隊成員每人應兼具高效率性及高效能性	062
第 40 堂	團隊要能有持續領先的研發與技術	063
第 41 堂	團隊必須營造出成員們對公司強大的歸屬感、向心力、忠誠度及貢獻度	064

第 42 堂	團隊內與團隊間，必須做好有效的與透明的溝通／協調機制	065
第 43 堂	團隊必須把權責劃分清楚及明確、一致性	066
第 44 堂	團隊非不得已，儘量不要加班，避免影響成員的家庭生活及身體健康	067
第 45 堂	團隊成員應自動、自發，把事情做對、做好	068
第 46 堂	團隊成員要有高度「使命感」，每天勤奮努力工作，達成團隊使命	069
第 47 堂	團隊各級領導主管，應與部屬定期談話，了解部屬狀況、問題及困難	070
第 48 堂	改革並不困難，但問題是：老員工不願意改	071
第 49 堂	團隊應推動「員工家庭日」，以凝聚成員向心力	072
第 50 堂	團隊必須貫徹對員工的考績制度，才會有好績效	073
第 51 堂	團隊必須提升及養成各級主管幹部正確的「決策能力」	076
第 52 堂	團隊要持續／不斷的強化人才新來源及其專業技能	078
第 53 堂	團隊的「預算管理」制度，是創造好績效的工具	079
第 54 堂	團隊的「利潤中心」（BU）制，是團隊好績效的促進根基	082
第 55 堂	團隊要努力邁向及達成 IPO（上市櫃）	085
第 56 堂	團隊決策的重要性及趨勢	089
第 57 堂	團隊要打造出「學習型」組織，團隊所有成員都要終身學習	091

第二篇　如何打造高績效／高動能團隊（團隊外篇）　093

第 58 堂	團隊要有超前眼光	094
第 59 堂	團隊不要怕改變；有改變，才有機會	095
第 60 堂	團隊要能有前瞻性，且能高瞻遠矚	097
第 61 堂	團隊的經營方向要正確，經營策略要正確，人事安排要正確，績效才會好	099
第 62 堂	團隊經營的最高級，就是要能「創造需求」及「引領風潮」，才能增加營收及獲利	101
第 63 堂	團隊應勇於挑戰更高、更遠的業績目標及經營目標	102
第 64 堂	團隊要能：精準、正確、敏捷、快速、機動的抓住任何新商機的浮現	104

第 65 堂	團隊要能不斷擴大公司或集團的經營規模及事業版圖，才能永續經營下去	106
第 66 堂	團隊要能宏圖大展的「立足台灣，布局全球」	108
第 67 堂	團隊要有能力「快速」應對外在環境的變化	110
第 68 堂	團隊事業成長、營收增加，以及版圖擴張的兩大方向	112
第 69 堂	團隊必須迎合時代要求，確實做好：CSR + ESG	114
第 70 堂	團隊成功經營九字訣：求新、求變、求快、求更好！	116

第三篇 團隊的問題解決篇　　119

第 71 堂	團隊經營為什麼會「發生問題」	120
第 72 堂	團隊經營發生問題的各部門 18 個面向歸納	124
第 73 堂	團隊經營有效降低／減少不利問題發生的九個重要方向與觀念建立	125
第 74 堂	團隊經營面對不利問題發生時的十個決策管理事項與思維	127
第 75 堂	最終決策者在做出最後決策指示時，應注意九點事項	129
第 76 堂	面對問題解決複雜程度的四種組織模式	131
第 77 堂	面對問題解決複雜程度的 3 種決策模式	133
第 78 堂	「動態性決策」新觀念	134
第 79 堂	打造重視問題預防及解決的企業文化／組織文化五種作法	136
第 80 堂	團隊各級主管執行問題解決之決策，應有十項思考點	138
第 81 堂	團隊問題解決的七字訣：4W/1H/1C/1R	140
第 82 堂	團隊問題解決簡單四字訣：Q → W → A → R	142
第 83 堂	團隊問題解決與外部協力單位	143
第 84 堂	團隊問題解決「能力形成」的六種內涵成分	144
第 85 堂	團隊有效提升全體員工對問題解決力的八種作法	146
第 86 堂	團隊不必等待 100 分完美決策與漸進式決策模式	148
第 87 堂	團隊對問題發生「預防管理」之五要點	149
第 88 堂	團隊「不做改變，恐會滅亡」	151

第四篇　總結與總歸納篇　　153

總歸納 1 如何打造出高績效／高動能團隊（70個重要觀念及思維）　154
總歸納 2 如何打造出高績效／高動能團隊（75個重要核心關鍵字）　158
總歸納 3 如何打造出高績效／高動能團隊（對全體員工的要求）　161
總歸納 4 打造高績效／高動能團隊的3大類關鍵因素彙總　165

引言篇
團隊的定義與
4種不同規模大小

4 種不同規模大小的團隊

所謂團隊,就是指一個組織的單位,是由一群員工或成員所組成的。就實務而言,若按團隊不同規模大小,則團隊(team)可區分成四種規模:

表1 四種不同規模大小的團隊

把企業帶向正確的發展方向、目標與策略

1 小型團隊	2 中型團隊	3 大型團隊	4 超大型團隊
・一個課 ・一個組 ・一個專案 ・一個小廠 ・一個門市店的團隊	・一個部門 ・一個中型工廠 ・一個研發、物流中心 ・一個館別的團隊	・一個大型事業群 ・一個大型公司的團隊	・一個集團 ・一個布局全球化的團隊

第一篇
如何打造高績效／高動能團隊（團隊內篇）

第1堂　團隊應做好12種管理，才能為公司創造高動能及高績效

一、成功的團隊，應具備12種管理方法，才能為公司創造高動能及高績效

一個企業或一個團隊組織，它們要成功為公司創造出高動能及高績效，必須具備、做好及落實下圖中的12種管理方法及作為：

圖1-1　團隊應做好12種管理方法，才能為公司創造高績效及高動能

1. 目標管理
- 團隊做任何事，均必須列出它的目標何在？
- 包括：短期、中期、長期、專案目標何在？

2. 數字化管理
團隊必須更加重視由營運部門、製造部門、財務部門、技術部門所產生的數字化管理。

3. 績效管理
團隊做任何事，最後都必須重視它所產生的績效、效益是什麼？以及要如何改善？

4. 獎勵管理
團隊要不斷的、大大的獎勵全體員工辛苦的付出及貢獻，包括：薪資、各種名目獎金及福利。

5. 制度化管理
一家公司或一個大型團隊，凡事必須依法治，切勿人治；法治可以持續百年，人治只有數十年。

6. 人性化管理
現在教育及資訊已非常普及，團隊必須尊重員工、禮遇員工、善待員工、重視員工的人權。

7. 創新管理
- 不創新，即死亡。
- 要不斷的創新，是為了不斷的存活下去。

8. 規模經濟化管理
公司或團隊的經營規模愈大，就會有更大的競爭力及效益出現。

9. BU制管理
公司或團隊必須力行BU（利潤中心）制度，員工才會更打拼努力賺錢。

10. 預算管理	11. 敏捷化管理	12. 資訊化、數位化管理
公司或團隊每個月都必須檢討上個月的損益表狀況，以及如何再加強？	團隊所有成員面對外在環境的多變化必須更加敏銳、快速的增加應對措施。	公司或團隊在營運上已完全朝資訊化及數位化方向走。包括：POS、ERP、App、SCM……等數位工具。

圖1-2

把企業帶向正確的發展方向、目標與策略

⬇

1 目標管理	2 數字化管理	3 績效管理
4 獎勵管理	5 制度化管理	6 人性化管理
7 創新管理	8 規模經濟化管理	9 BU制管理
10 預算管理	11 敏捷化管理	12 資訊化、數位化管理

⬇

才能為公司及集團創造更大、更高的成長動能及優良績效！

第 2 堂　團隊要能永保產品與服務的高品質、穩定品質及不斷升級品質

一、對品質的 3 個要求

團隊對於公司所設計及製造的產品和服務，必須要保證做到、做好：

（一）高品質

（二）穩定品質

（三）不斷升級品質

圖2-1　高品質的 3 個要求

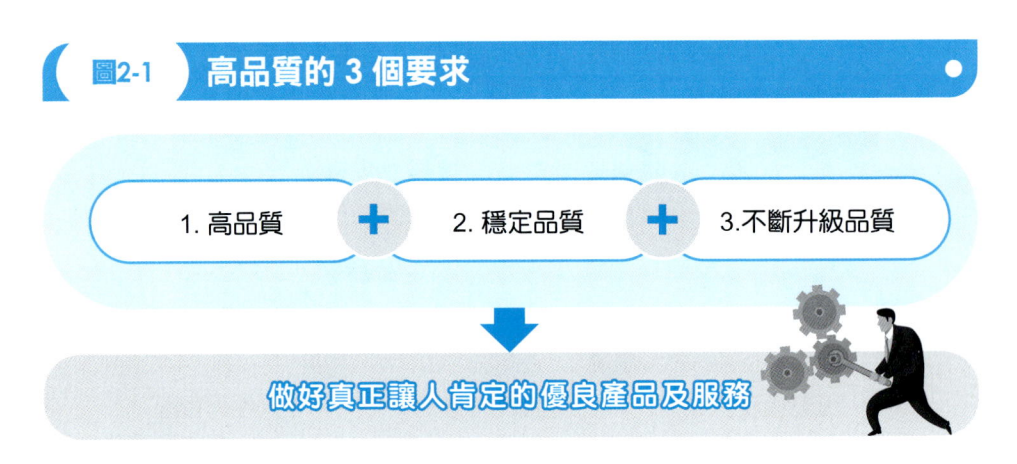

1. 高品質　＋　2. 穩定品質　＋　3. 不斷升級品質

↓

做好真正讓人肯定的優良產品及服務

二、品質是產品最重要的生命核心

產品及服務的品質，是企業生存下去的最重要生命核心。品質一旦不好、不穩定、不進步，顧客（客戶）就不會再回來。

圖2-2

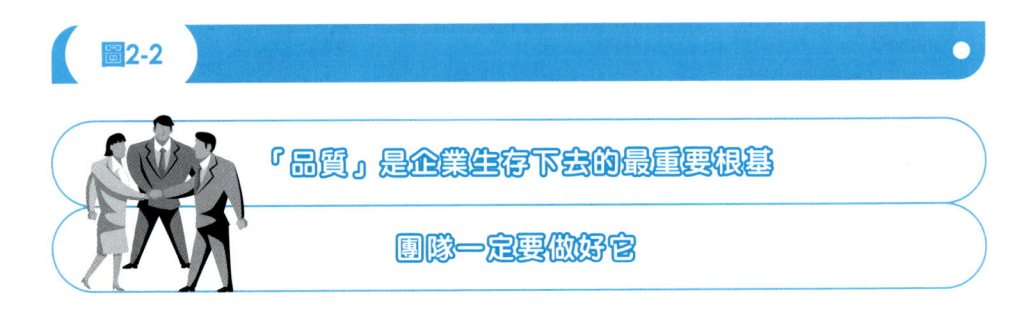

「品質」是企業生存下去的最重要根基

團隊一定要做好它

三、做好品質的七大面向

談到如何做好品質,主要有七大面向,如下圖示:

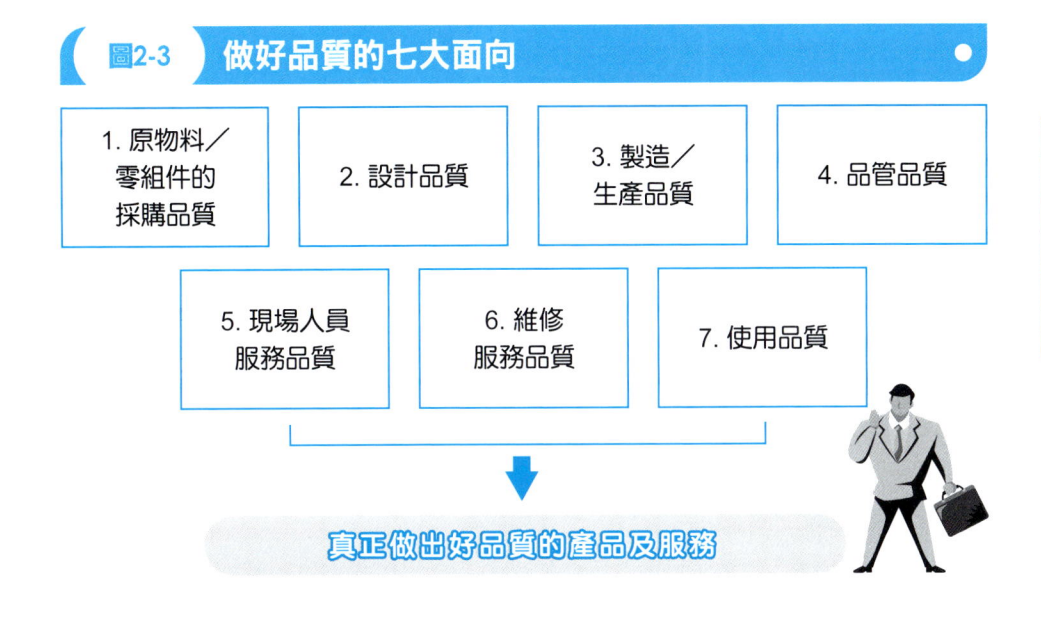

圖2-3　做好品質的七大面向

- 1. 原物料／零組件的採購品質
- 2. 設計品質
- 3. 製造／生產品質
- 4. 品管品質
- 5. 現場人員服務品質
- 6. 維修服務品質
- 7. 使用品質

↓

真正做出好品質的產品及服務

四、高品質／好品質的好處

團隊如果能長期永續的做出高品質／好品質的產品及服務,會為企業帶來如下圖示的好處:

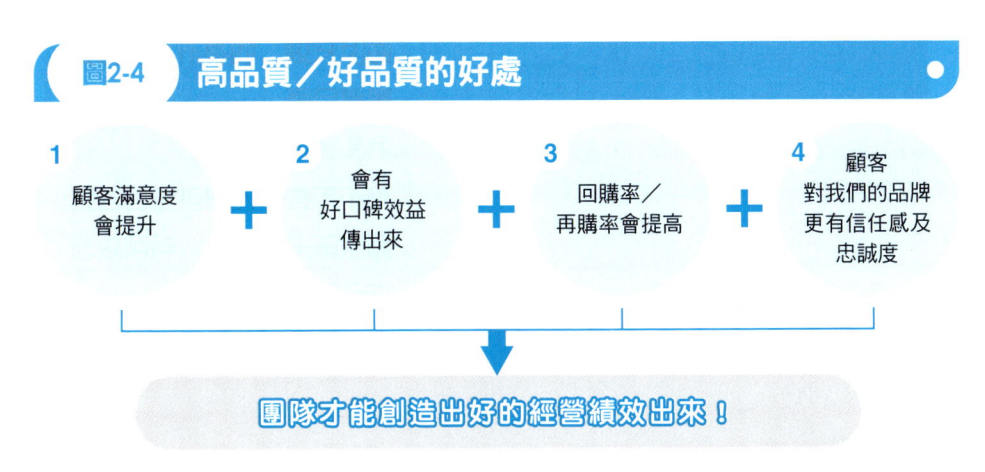

圖2-4　高品質／好品質的好處

1. 顧客滿意度會提升
＋
2. 會有好口碑效益傳出來
＋
3. 回購率／再購率會提高
＋
4. 顧客對我們的品牌更有信任感及忠誠度

↓

團隊才能創造出好的經營績效出來！

005

第3堂　用人哲學20字：知人善任、分層負責、充分授權、用人不疑、疑人不用

一、知人善任

團隊中的各層級主管，必須在用人方面，要能「知人善任」，即：知道團隊成員每個人的專業、能力、優點及長處；並且依這些而給予最適當的職務及位置；讓他／她們能發揮最大潛力，而對團隊及公司做出最大貢獻。例如：

- 有人適合做業務性質工作
- 有人適合做專業幕僚工作
- 有人適合做研發技術工作
- 有人適合做產品開發工作
- 有人適合做生產製造工作

二、分層負責

雖然現在強調組織扁平化，但各種企業、各種組織仍會有必要的層級。例：大型公司的各事業總部、各事業群等，可能會有各層級主管，如：總經理→副總經理→協理→經理→副理等。但每個層級，均必須自我擔起責任來，這就是日本企業常要求員工及主管要「當責」（擔起責任），形成分層負責；只要每個層級做好，就會對團隊及公司產生高績效、高動能出來。

三、充分授權

在大型公司，都會有各層級主管的授權制度及規範。在此規範內，即按此法規，給予部屬們最大、最充分的授權，而不要給部屬任何干涉或指揮命令，除非他們逾越規定或做錯方向及作法，才加以出手制止或協助。主管能充分授權，就是代表對團隊員工的高度信任，成員也會更認真去負責做好，這樣團隊及公司績效就會更好。

四、用人不疑、疑人不用

各級主管對團隊成員，一定要做到用了他／她，就不會懷疑、疑慮他／她到底行不行。另外，一旦疑人就不要用，避免團隊成員中，有不佳、不適當成員。

圖3-1 團隊用人哲學 20 字

1. 知人善任
2. 分層負責
3. 充分授權
4. 用人不疑
5. 疑人不用

↓

- 就可以提高團隊及公司的經營績效
- 讓團隊成員能夠發揮最大潛能

第 4 堂　團隊成員人人都能發揮最大潛能出來

一、人人發揮最大潛能，為公司做最大貢獻

團隊各級主管最重要工作之一，就是如何能使團隊成員每個人都能發揮他／她們最大潛能出來，使其能對公司的經營績效產生最大貢獻。

二、如何做？

（一）做好激勵與讚美工作：

團隊各級主管必須經常性的對團隊成員表達口頭及實質的激勵行動：
1. 口頭讚美成員
2. 口頭肯定成員
3. 多發獎金給成員
4. 記得定期給成員加薪及晉升
5. 足夠的激勵及讚美，必能夠產生高昂的士氣及戰鬥力出來

（二）做好最大授權，並信任成員：

其次，團隊各級主管必須放下自己的權力慾望，以最大範圍授權給團隊成員他們去規劃及執行，不必事事指揮及下命令；因為對成員們授權，就代表對他們的最大信任；成員一旦感到被信任，必然事事全力以赴並全心、快速的做好工作，並達成公司所給予的績效目標。

（三）擴大員工對公司的參與感：

公司各級主管及公司政策上，也必須擴大及深化團隊成員們，對公司的「參與感」；有了高度參與感，成員們才會對公司有向心力及生命一體感，然後才會真的認真、用心投入工作及貢獻給公司。

（四）加強培訓：

公司及團隊要定期安排各種專業的專長及技術的培訓與教育訓練課，此讓成員能不斷吸收新知及不斷與時俱進，成為一個工作能力強大的團隊成員。

（五）挑戰的目標管理導向：

最後，團隊各級主管必須建立起目標管理導向；每一次的工作、專案、任務，都必須設立具挑戰性的目標管理指標，希望團隊成員都能人人超越挑戰，邁向更高、更大的成長及貢獻。

圖4-1 團隊成員人人發揮最大潛能五種作法

1. 做好激勵與讚美工作

2. 做好最大授權,並信任團隊成員

3. 擴大並深化成員們對公司的參與感

4. 加強對成員們的培訓

5. 建立挑戰性的目標管理導向

→ **發揮人人潛能,必對公司經營績效做更大貢獻!**

第1篇 如何打造高績效/高動能團隊(團隊內篇)

第5堂　團隊應做好人才管理的「DEI」主流要求

一、何謂「DEI」？

現在人力資源管理，有一項主流趨勢，即是強調：DEI，如下圖示：

圖5-1　人才管理的 DEI

1　D：Diversity
- 人才多元化、多樣化、多角化

2　E：Equity
- 人才平等性、公平性

3　I：Inclusion
- 公司對員工的包容性及共融性

二、人才採用為何要多元化、多樣化、多角化？

主要有如下圖4個原因：

圖5-2　人才多元化、多樣化原因

1. 企業規模愈來愈大，愈需要各種人才
2. 集團化事業版圖多角化，亟須各種人才
3. 企業走向全球化、國際化，都需要各國在地人才
4. 外在環境變化大，應對必須要多樣化人才

三、跨國企業人才在地化的案例

例如：在台灣，台灣好市多 Costco、寶僑 P&G、百事食品公司 PepsiCo Inc.、台灣松下 Panasonic……等跨國企業在台灣的總經理都是聘用台灣人（當地人）。

四、團隊做好人才 DEI 的優點

任何團隊或公司做好人才「DEI」的優點，如下圖示：

圖5-3　團隊做好 DEI 優點

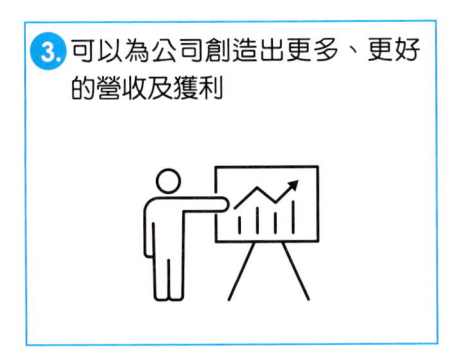

1. 可以招募到海外各當地國更優秀好人才
2. 可以全方位提升團隊人才的競爭力
3. 可以為公司創造出更多、更好的營收及獲利
4. 得人才者，得天下也

第 6 堂 團隊要做好對顧客的五個值：高 CP 值、高 EP 值、高顏值、高 TP 值、高品質

一、何謂「五個值」？

團隊要努力在產品及服務上，做好對顧客的五個值，如下圖示：

圖6-1 做好對顧客的五個值

① 高CP值
即有物超所值感受、平價

② 高EP值
高的、美好的使用體驗值（Experience performance）

③ 高顏值
美好、驚豔的設計視覺感受

④ 高TP值
- 高的產品／品牌信任值
- Trust performance

⑤ 高品質
高的產品品質及功能

↓

打造好績效出來

二、如何做好這五值？

如下圖：

圖6-2 如何做好這五值？

1. 設計
做好產品外觀及內在的精緻設計。

2. 體驗
做好對顧客的美好體驗，包括：現場裝潢、現場空間、現場服務人員及售後服務人員的美好服務。

3. 價格
做好合宜、親民的定價策略，以求有高性價比。

4. 品質
做好高品質的製造與生產能力，達到100%滿分的品質水準。

5. 信任
做好顧客對我們公司及品牌的最高信任感。

第 7 堂　團隊要努力創造員工、公司、股東三贏的終極目標，才可稱為優良團隊

一、公司贏

公司每年度的營收、獲利、EPS、總市值、ROE 都能持續成長，並創造史上新高；如此，公司就贏了。

二、員工贏

員工如能每年定期調高薪水，以及每年稅後盈餘能發出給員工的紅利獎金或業績獎金、特別獎金等，以及出國旅遊福利等，這就是員工贏了。

三、股東贏

大眾小股東每季或每半年或每年都能分到公司派發的股利（股息），而且一年比一年多，並且年年都有發，這就是股東贏了。

四、團隊應努力創造出這三贏

公司就是一個大團隊，每個人應貢獻專長及效益給公司，公司就能達成好的年度經營績效，也就能創造出員工、公司、股東三贏的好局面，而這也是團隊應共同團隊合作去努力達成的目標。

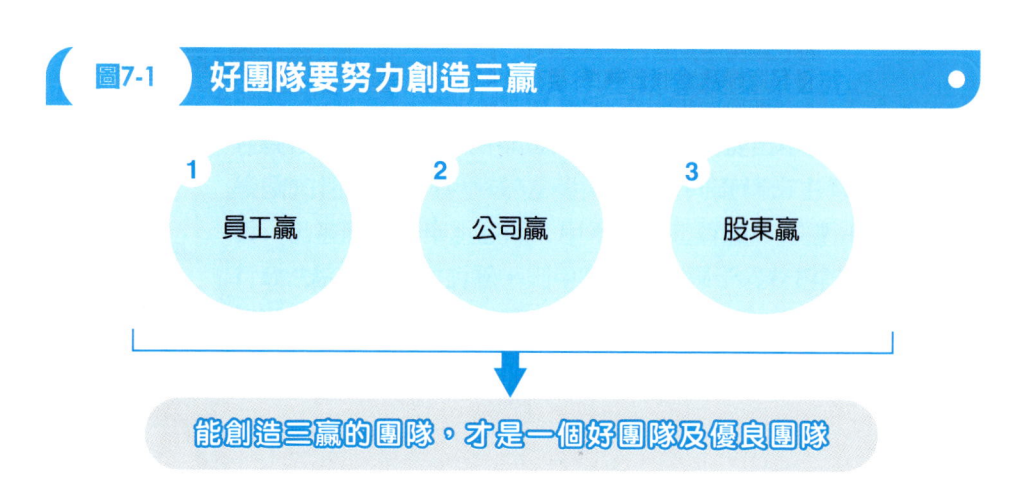

圖 7-1　好團隊要努力創造三贏

1	2	3
員工贏	公司贏	股東贏

↓

能創造三贏的團隊，才是一個好團隊及優良團隊

第 8 堂　團隊要能不斷提升對成員們的獎勵，以及激勵有效作為

一、四種有效獎勵

團隊對成員們長期的努力及貢獻，必須給予大大的各式各樣具體獎勵及激勵，如下圖示：

圖8-1　團隊對成員們四種獎勵

1. 物質面獎勵
- 加薪
- 年終獎金
- 分紅獎金
- 績效獎金
- 業績獎金
- 特別獎金
- 三節獎金

2. 心理面獎勵
- 口頭讚美、肯定
- 會議上讚美及肯定
- LINE群組及e-mail讚美、同仁聚餐

3. 晉升面獎勵
- 專員→升高級專員→升副理
- 升經理→升協理→升副總→升總經理→升董事長

4. 福利
- 免費出國旅遊
- 尾牙抽獎
- 生育補助
- 特休假

二、高科技公司很高的年薪獎勵

例如：

（一）聯發科員工平均年薪：平均高達 360 萬元之高

（二）台積電：平均年薪高達 270 萬元

（三）鴻海：平均年薪高達 230 萬元

（四）傳統產業：平均年薪才 60 萬元而已。僅高科技公司的 1/4～1/5；兩者差距很大

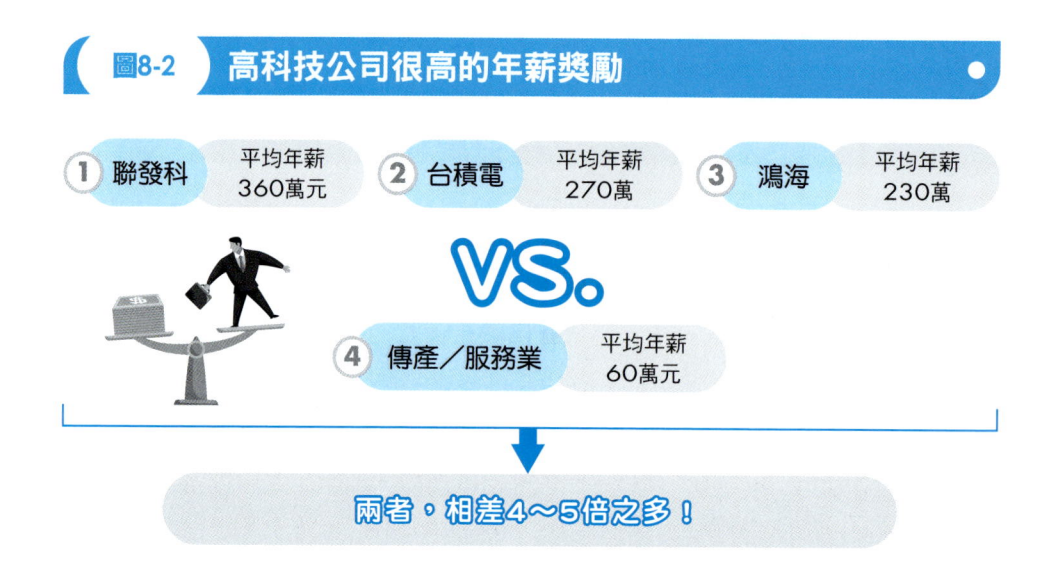

第 8 堂　團隊要能不斷提升對成員們的獎勵，以及激勵有效作為

圖8-2　高科技公司很高的年薪獎勵

① 聯發科　平均年薪360萬元
② 台積電　平均年薪270萬
③ 鴻海　平均年薪230萬

VS.

④ 傳產／服務業　平均年薪60萬元

兩者，相差4～5倍之多！

三、獎勵的大前提

團隊要給成員們大大的獎金獎勵，必須有一個大前提，那就是：公司要能年年獲利賺錢，而且獲利金額很高、很大才行。

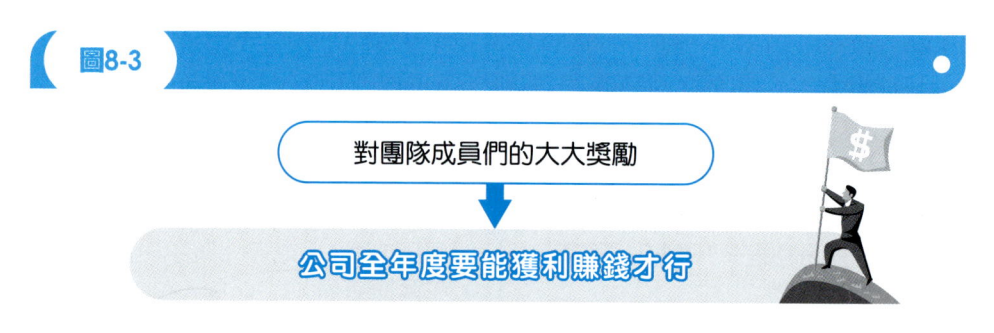

圖8-3

對團隊成員們的大大獎勵
↓
公司全年度要能獲利賺錢才行

四、分紅獎金

上市櫃公司多數都會發放每年度獲利的分紅獎金，如下圖：

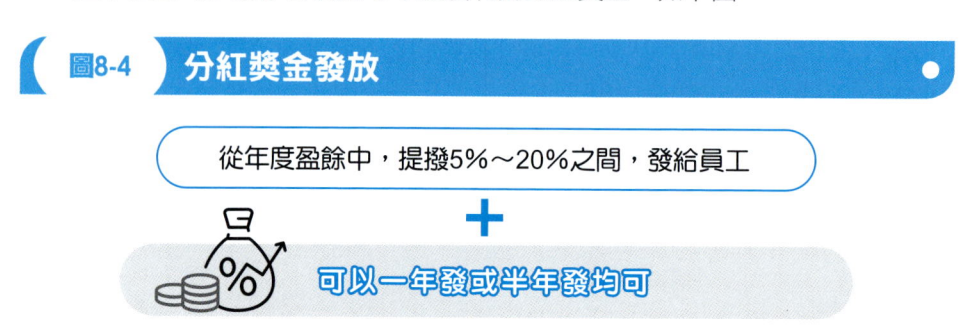

圖8-4　分紅獎金發放

從年度盈餘中，提撥5%～20%之間，發給員工
＋
可以一年發或半年發均可

第 9 堂　團隊經營成功的 3P 管理原則

一、何謂「3P 管理原則」？

團隊經營成功，最簡單的，就是要掌握好「3P 管理原則」，如下述：

（一）第一個 P：Priority

即團隊應優先經營好公司有賺錢的及重要的專業項目及業務項目。

（二）第二個 P：Performance Review

即團隊應定期檢視、檢討好這些優先的專業項目及業務項目的績效好不好？有沒有達成目標？需不需要修正策略、人事、產品、流程……等革新與創新事宜。

（三）第三個 P：Pay

即團隊主管或公司高層應給予團隊成員與績效達成相符的物質獎勵。包括：加薪、年終獎金、分紅獎金、業績獎金、特別獎金、績效獎金等物質化的激勵士氣，並給予團隊功勞的肯定。

圖 9-1　團隊經營成功的 3P 管理原則

1. Priority	2. Performance Review	3. Pay
● 做好優先的事業項目	● 做好績效成果的查核、考核	● 做好對團隊成員的物質化獎勵

掌握好這簡單的 3P 管理原則，團隊必可成功經營！

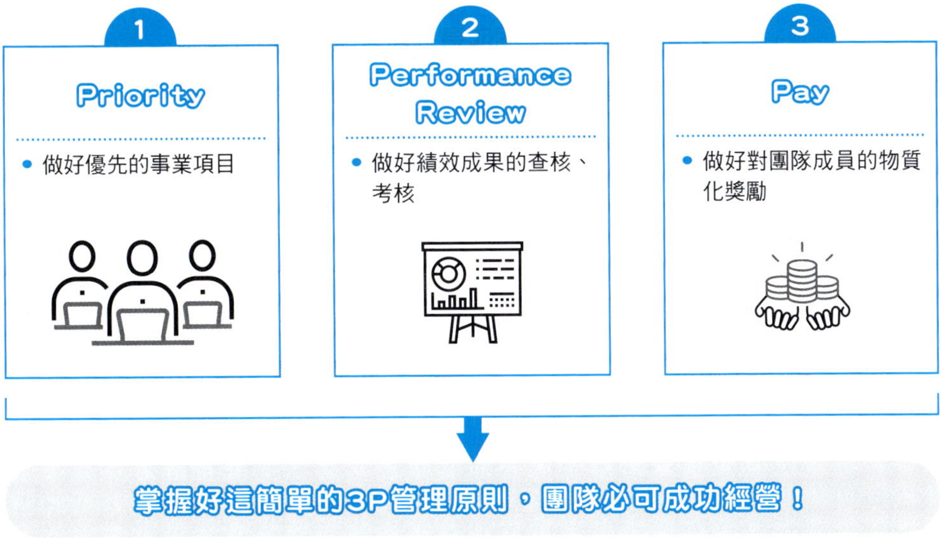

第10堂　集團內跨公司團隊間的資源分享、支援、協作，可創造更高綜效

一、示例

國內有不少集團跨公司團隊間的協作及資源分享，而對集團及公司產生很大效果的。如下圖示案例：

圖10-1　集團內跨公司團隊的資源分享與協作案例

1. 統一企業集團
統一超商及家樂福優先讓統一企業產品上架

2. 和泰汽車集團
和泰集團內有賣車子的、有做車貸的、有做車險的協作

3. 遠東集團
Happy Go卡可通用在集團內各公司使用

4. 統一超商
與旗下子公司康是美、星巴克、捷盟物流、黑貓宅急便有協作

5. 富邦集團
momo電商平台與台哥大電信間有良好協作

6. 全聯
全聯超市與大潤發公司間有協作

7. Costco（好市多）
台灣好市多與全球Costco（好市多）之間有良好協作

8. 金仁寶
金仁寶科技集團有8家上市公司，彼此有良好協作

二、結語

一些大集團旗下都有幾十家的子公司，其彼此間都能相互的資源分享、支援、協作，可為各公司及母集團帶來更高的良好績效及更大動能。因此，子公司彼此間的團隊協作及團結合作是非常重要的。

第 11 堂　團隊要建立穩固的、強大的公司必備 14 項基礎資源實力

一、14 項必備基礎資源

任何中大型公司要成功經營，它必須必備如下圖示的 14 項重要基礎資源：

圖 11-1　成功公司團隊必備 14 項基礎資源

1. 優良人才資源
2. 豐厚財務資源
3. 先進廠房＋設備資源
4. 領先技術資源
5. 堅固客戶（顧客）資源
6. 完整制度資源
7. 良好企業文化資源
8. 智產權（IP）資源
9. 高品質：完整的產品線資源
10. 良好公司信譽及誠信資源
11. 知名品牌資源
12. 堅穩數十年經營歲月資源
13. 資訊化及數位化資源
14. 十年長遠布局計劃資源

019

第 11 堂　團隊要建立穩固的、強大的公司必備 14 項基礎資源實力

圖11-2

1. 人才	2. 財務	3. 設備、廠房
4. 技術	5. 客戶	6. 制度
7. 企業文化	8. 智產權	9. 產品線
10. 公司信譽	11. 品牌	12. 經營歲月
13. 資訊化、數位化	14. 十年布局計劃	

決定一家成敗的最重要14項資源能耐！

第12堂 團隊成員每個人必須具備主動、積極性，不可被動、消極性

一、團隊成員最大缺點

作者我本人過去在企業界擔任主管，感到團隊成員最大缺點，就是如下：

圖12-1 團隊成員最大缺點

1. 不夠主動、積極性

2. 總是被動性，等待長官交代工作及任務

3. 能少做事，就少做事

4. 不必太認真、做太多事

5. 認為太主動、積極，也不會加我薪水

6. 多做多錯，不如少做事

二、如何使團隊成員提升其主動／積極性之作法

如下圖示：

圖12-2 如何提升團隊成員的主動與積極性？

1. 各級長官召開內部會議時，要對成員經常性強調及要求。

2. 要使「主動／積極性」成為企業文化深厚的一環。

3. 新進人員教育訓練課程內容重要的一課。

4. 列入年終考核表給分的項目之一。

5. 招聘新員工時，要觀察測試出他的主動／積極性如何。

第1篇 如何打造高績效／高動能團隊（團隊內篇）

021

第 13 堂　團隊應配備最先進製造設備，才能做出第一流產品

一、設備種類

團隊要生產出第一流產品，必須配備最先進的一流設備才可以。這包括：
（一）研發設備
（二）製造設備
（三）品管設備

如此，才能：
（一）提高良率（98%～100%）
（二）做出全球第一流產品
（三）勝過競爭對手
（四）滿足客戶（B2B）及顧客（B2C）需求

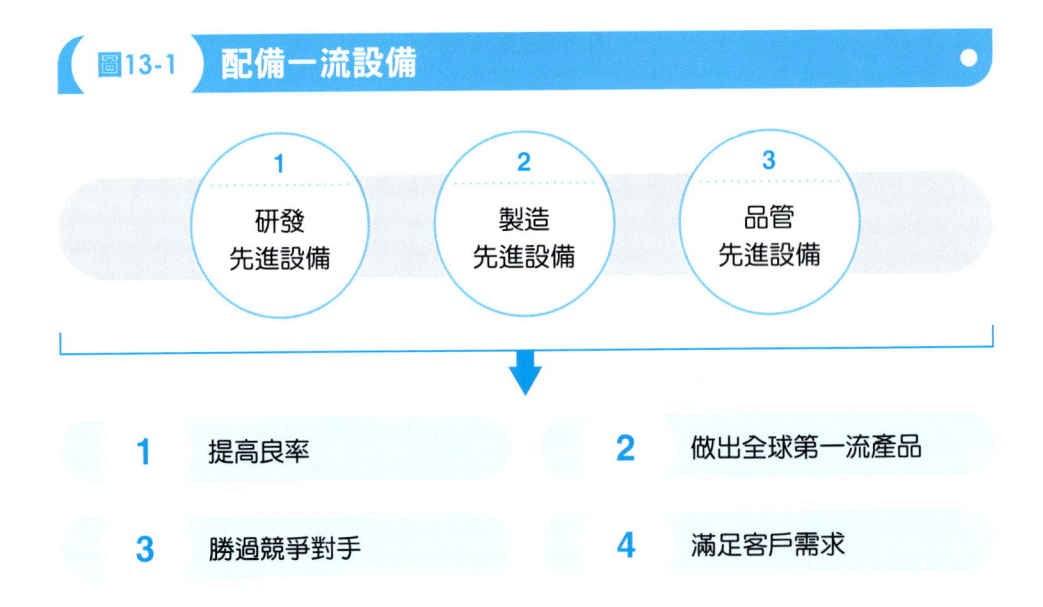

圖13-1　配備一流設備

| 1 研發先進設備 | 2 製造先進設備 | 3 品管先進設備 |

↓

| 1 | 提高良率 | 2 | 做出全球第一流產品 |
| 3 | 勝過競爭對手 | 4 | 滿足客戶需求 |

二、團隊成功兩大根基

任何團隊的成功，最簡單說，就是做好兩大根基，如下：

（一）軟體：人才團隊

（二）硬體：先進廠房、設備

這兩者並重，不斷提升、升級、精進，才會有強大核心競爭力，也才會贏過競爭對手。

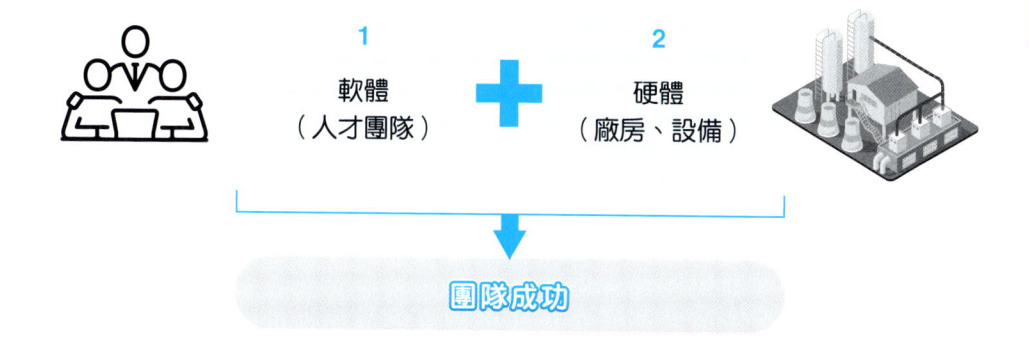

圖13-2　團隊成功的兩大根基

1. 軟體（人才團隊）
   ＋
2. 硬體（廠房、設備）

→ 團隊成功

第14堂 團隊應建立主管職務代理人制度，隨時有人可以接替

一、建立團隊各層級主管代理人

團隊必須建立起各層級的主管代理人，例如：

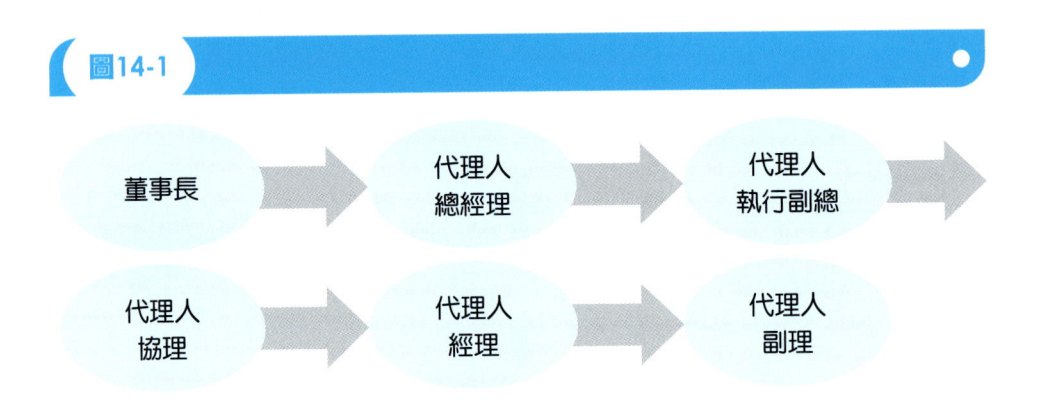

圖14-1

董事長 → 代理人 總經理 → 代理人 執行副總 →

代理人 協理 → 代理人 經理 → 代理人 副理

二、團隊必須要用上代理人的五種狀況

如下圖示：

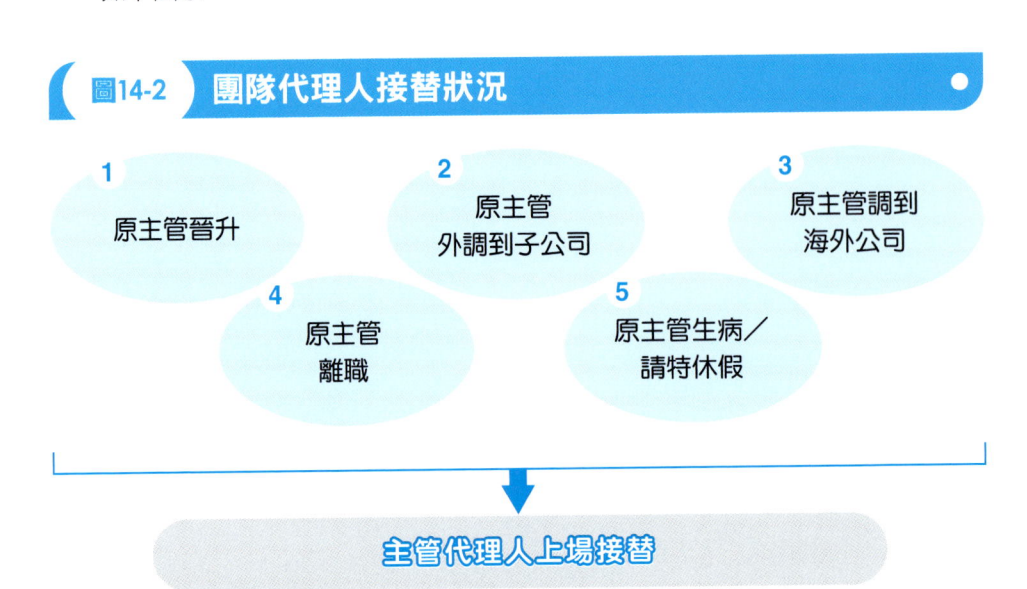

圖14-2 團隊代理人接替狀況

1. 原主管晉升
2. 原主管外調到子公司
3. 原主管調到海外公司
4. 原主管離職
5. 原主管生病／請特休假

↓

主管代理人上場接替

三、建立團隊各層級主管職務代理人之優點

如下圖示：

圖14-3　建立團隊各層級主管職務代理人優點

1. 可使團隊工作依然可以順利推動、進行
2. 確保團隊績效目標如常達成
3. 不使團隊重要工作停擺

四、平時就要建立各級主管職務代理人

如下圖示：

圖14-4　平時就要建立各級主管職務代理人

1. 平時就要建立、安排好
2. 隨時有主管的副手，可以接上去做
3. 若無理想副手，就要趕快培育出來

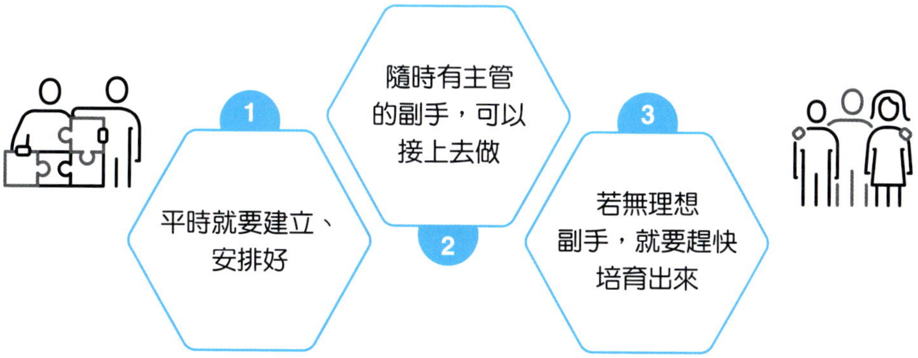

第 15 堂　團隊要保有持續性的創新性與創造性能力及作為，才能長久存活下去

一、不創新，就等死

美國管理大師彼得・杜拉克在 60 年前，就說過兩句名言：

（一）「不創新，就等死。」（Innovation, or die.）

（二）「不斷創新，是為了不斷存活下去。」

圖15-1

1. 不創新，就等死　＋　2. 不斷創新，是為了不斷存活下去

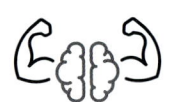

二、創新、創造的領域

如下圖示：

圖15-2　創新、創造的領域

1 科技、技術創新	2 設計創新	3 裝潢創新
4 新產品創新	5 新服務創新	6 新經營模式創新
7 新供應鏈創新	8 布局全球創新	9 新事業群創新

10 原物料使用創新	11 新產品功能創新	12 新口味創新
13 財務籌資創新	14 產品線創新	15 新客戶創新
16 新製程創新	17 新行銷創新	18 新廣告創新
19 新店型創新	20 新併購創新	21 人資招聘用人創新

三、如何作法

如下圖示：

圖15-3　創新／創造 6 大作法

1 要深化融入組織的企業文化中	2 要納入年終績效考核	3 每年訂一天為「公司創新月」活動
4 頒發有貢獻的高額「創新獎金」	5 要納入員工教育訓練中，強調創新的重要性	6 成立「創新與創造戰略委員會」的專責單位負責

四、具體案例

如下圖示：

圖15-4　具體成功創新與創造案例

1　美國ChatGPT生成式AI	2　NVIDIA輝達公司的AI晶片	3　廣達公司的AI伺服器
4　蘋果公司的AI手機	5　ASUS／acer的AI PC及AI NB	6　三陽新款機車
7　TOYOTA和泰汽車新款汽車	8　王品28個品牌餐飲	9　Meta公司的FB／IG
10　Google公司的關鍵字搜尋及YouTube	11　中國的TikTok	12　Tesla特斯拉、比亞迪的電動車
13　統一超商大店化	14　統一超商 CITY CAFE	15　星巴克咖啡館
16　家電公司的變頻節電冷氣	17　台灣有線電視13個新聞頻道	18　美國 Netflix OTT TV

第 16 堂　團隊經營最重要兩大支柱→
軟體：人才；硬體：設備

一、做好硬體工作：先進設備

團隊產品要成功，必須仰賴好的、先進的、智慧化的、自動化的一流最新設備才行。包括：

圖 16-1　做好硬體工作：先進設備

1 研發先進設備	2 製造先進設備	3 品管先進設備
4 先進物流／倉儲設備	5 先進資訊IT設備	6 先進數位化設備

↓

才能打造出高品質、高良率的一流產品

二、軟體：指的是「人才」

團隊需要各式各樣的各功能領域的優良人才，才能形成好的、有戰鬥力的「人才」團隊：

圖 16-2　軟體：優良人才團隊

1 研發人才	2 技術人才	3 設計人才	4 新品開發人才
5 製造人才	6 品管人才	7 採購人才	8 物流人才
9 銷售／營業人才	10 門市店人才	11 展店人才	12 行銷人才
13 財會人才	14 人資人才	15 IT資訊人才	16 法務人才
17 採購人才	18 股務人才	19 經營企劃人才	20 總務人才
21 工程人才			

第 17 堂　團隊要能持續開發出「好賣的」新產品及新品牌

一、推出好賣的新產品及新品牌

團隊要有持續性的營收成長、獲利成長、EPS 成長，就必須努力推出、研發出市場上好賣的新產品及新品牌，才可以達成目標。

圖17-1　團隊營收、獲利成長 2 大關鍵

1. 持續推出好賣新產品
2. 持續推出好賣的新品牌

↓

才能打造出高品質、高良率的一流產品

二、如何做出？

如何做到呢？如下圖示：

圖17-2　持續推出好賣新產品及新品牌

1. 持續強化研發部門及商品開發部門的優秀人才及組織戰鬥力。
2. 給予重賞及高額獎金、鼓勵有成果的新品開發。
3. 做好年度新產品、新品牌的開發計劃、目標及策略。
4. 每週檢討新產品、新品牌開發及引進的進度及狀況。
5. 持續搜集國內、國外相關產業、市場的最新資訊情報，以做參考。
6. 支持投入更多的研發費用及新品開發費用及預算。

第18堂 團隊面對經營問題時的三「立」法則：立刻討論→立刻決定→立刻執行

一、何謂三「立」法則？

日本國民服飾 Uniqlo（優衣庫）董事長柳井正表示：當該公司遇到任何經營及市場上困難與問題時，他的處理應對策略，就是遵循三「立」法則，即：立刻討論→立刻決定→立刻執行。柳井正表示：「『立刻』是非常重要的，絕對不要拖延，也不要猶豫不決，更不能忽略它們。」

圖18-1　團隊面對困難或問題時的三「立」法則

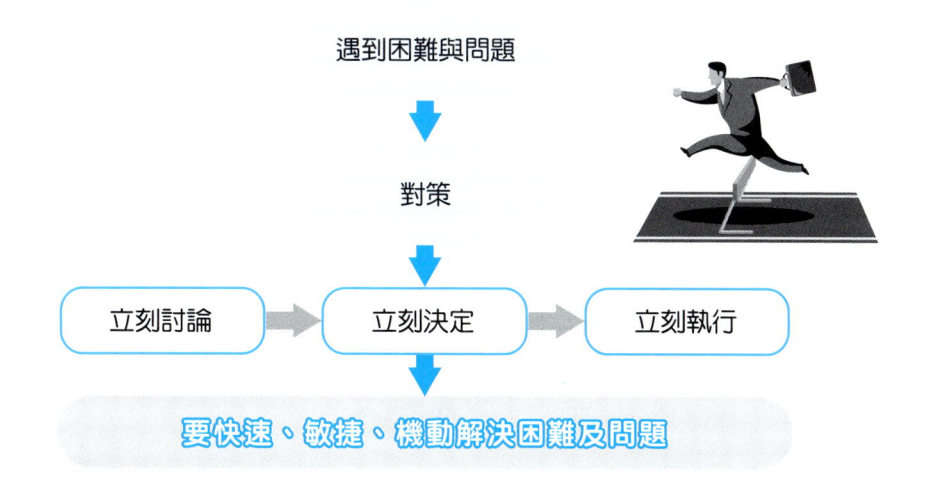

遇到困難與問題
↓
對策
↓
立刻討論 → 立刻決定 → 立刻執行
↓
要快速、敏捷、機動解決困難及問題

二、案例

（一）統一超商（7-11）：

統一超商有一年曾找知名網紅 Joeman 代言 7-11 的鮮食產品，結果有一天 Joeman 被抓到吸食大麻的新聞不利報導；當天，統一超商立即下令全台 7,000 家門市店，全面在當天就立即下架並毀損這些鮮食產品，損失好幾百萬元，但若不立即處理，將波及 7-11 的品牌信任度，這樣就會損失好幾十億。

（二）全聯超市

近幾年由於全球通膨及物價上漲，全聯超市立刻推出低價 60 元的現煮「幸福便當」，結果受到很大歡迎及熱烈銷售。

第 19 堂 團隊要建立、打造出整個的「組織能力」，而不只是「個人能力」

一、何謂「個人能力」與「組織能力」？

在一個團隊裡，可以區分為兩種能力狀況：

（一）個人能力（personal capability）：

係指團隊中有某個人能力很強，但不是每個人都能力很強。

（二）組織能力（organizational capability）：

係指團隊成員中，每個人的能力及主動積極心都很強大，也就是整個部門及各單位的成員能力都很強。這就是一種組織能力的展現意涵。

圖19-1　團隊中的兩種能力狀況

1. 個人能力很強大 ✗

VS.

2. 整個組織能力很強大 ○

二、如何使整個「組織能力」都很強大？

如下圖示：

圖19-2 如何使整個「組織能力」都很強大？

1. 剔除、辭退
團隊各層主管要對能力不行、較不合作的成員，給予資遣、辭退，確保每位成員都是好的

2. 教育訓練
團隊主管應持續性對全體成員施予教育訓練及技能訓練課程

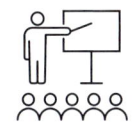

3. 各級主管皆優秀
團隊的組織能力，涉及到各級主管的領導能力都要很優秀

4. 給予必要激勵
團隊主管必須給予每個成員具有激勵性的加薪及獎金鼓舞士氣

5. 適才、適所
要使團隊中的每個成員都能做到：適才、適所、適任

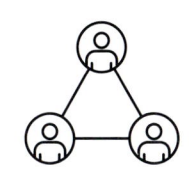

6. 人資查核
人資部門必須負起每年度評估及查核各部門、各單位的組織能力狀況如何

第 20 堂　團隊領導人的決策要果斷！不可拖延不決

一、果斷與不果斷的區別

（一）果斷：

係指團隊各級領導主管，對於重要決策及決定，應該要：
1. 快速決斷
2. 斷然決定
3. 明快決定
4. 慎謀能斷

（二）不果斷：

係指團隊領導主管，對於重要決策及決定，顯現：
1. 拖延不決
2. 猶疑不定
3. 持久不下決定
4. 拖拖拉拉
5. 決定改來改去
6. 沒有中心思想

圖 20-1　果斷的意涵

1	2	3	4
快速決斷	斷然決定	明快決定	慎謀能斷

二、決策果斷的優點

如下圖示：

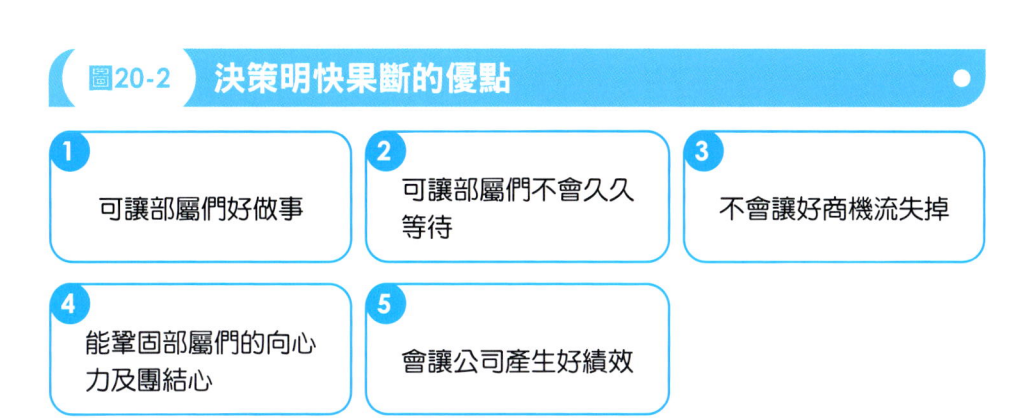

圖20-2　決策明快果斷的優點

1. 可讓部屬們好做事
2. 可讓部屬們不會久久等待
3. 不會讓好商機流失掉
4. 能鞏固部屬們的向心力及團結心
5. 會讓公司產生好績效

但是果斷，絕不是草率、隨便的、未經思考的、未經評估的。

三、三種狀況下，更要明快果斷下決策

圖20-3　三種狀況下，更要明快果斷

1. 緊急性的決策
2. 有時效性的決策
3. 重要決策

↓

更要明快果斷，做出決定！

第21堂　團隊要重視「工作細節」，魔鬼都藏在細節裡

一、不注重細節的後果

很多團隊工作的執行，都必須重視細節，否則公司產品或服務就會出問題。

二、注重細節的好處

如下圖示：

圖21-1　注重細節的好處

1	2	3
產品／服務／食安比較不會出問題	品質可以確保長久有一致性	顧客滿意度會提高

三、示例

要注重細節的各種行業，如下圖示：

圖21-2　要注重工作細節的行業

1	2	3	4
食品／飲料行業的食安細節	藥品製造行業的安全細節	名牌包包精品店的接待客人細節	名牌歐洲豪華車經銷店的接待客人細節

5	6	7	8
各式高檔餐廳VIP接待服務細節	金融業的服務及工作細節	高科技產品製程與品管的工作細節	客運航空業的飛行安全工作細節

四、如何做好工作安全及服務接待細節？

如下圖示：

圖21-3　如何做好工作細節

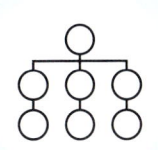

1. 建立對任何採購、製造及品管流程的嚴謹SOP

2. 要經常性提醒員工注意工作細節，絕不可有任何1%的疏忽

3. 對不重視細節而致不良事件發生的員工及主管，給予重大懲處

4. 塑造注重食安、飛安、招待VIP、工作細節的企業文化精神

第 22 堂　團隊必須要大家「團隊合作」，絕不要有個人英雄主義的不合作

一、能團隊合作的優點

一個優良團隊，必定是能團隊合作的優良組織。其優點如下圖示：

圖22-1　能團隊合作的優點

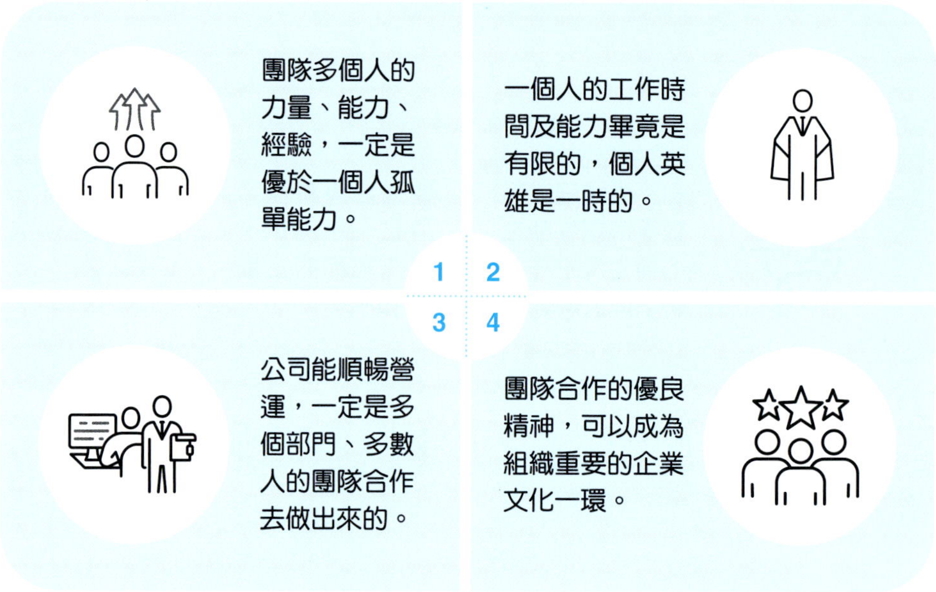

1. 團隊多個人的力量、能力、經驗，一定是優於一個人孤單能力。

2. 一個人的工作時間及能力畢竟是有限的，個人英雄是一時的。

3. 公司能順暢營運，一定是多個部門、多數人的團隊合作去做出來的。

4. 團隊合作的優良精神，可以成為組織重要的企業文化一環。

二、公司營運流程必須要每個部門團隊合作

如下圖示：

圖22-2　公司營運流程需要每個部門的團隊合作，才能完成

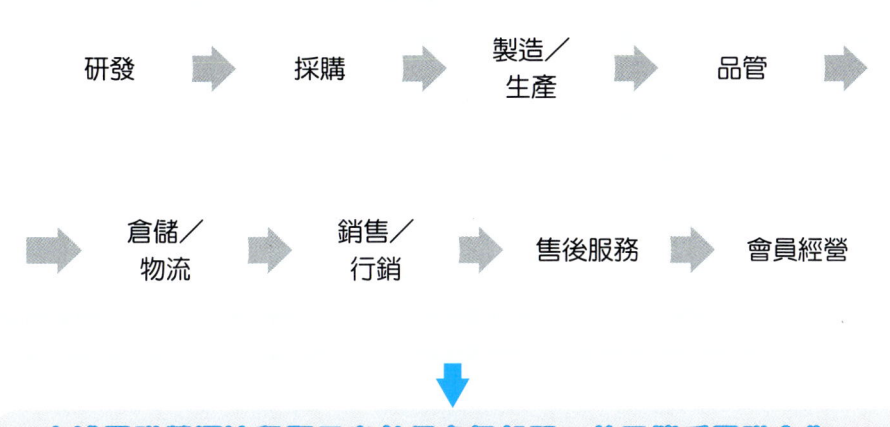

研發 ➡ 採購 ➡ 製造／生產 ➡ 品管 ➡

➡ 倉儲／物流 ➡ 銷售／行銷 ➡ 售後服務 ➡ 會員經營

⬇

上述團隊營運流程顯示出必須多個部門，共同攜手團隊合作，才能成就的

三、個人英雄主義的缺點

如下圖示：

圖22-3　個人英雄主義的缺點

1. 個人英雄的能力是一時的，不是永遠的。
2. 容易造成大家不合作、不團結，各自做各自的。
3. 個人英雄不能永遠百年經營的。

第 23 堂　團隊必須做好對人才團隊的「培訓」及「教育訓練」工作

一、成立「人才培訓中心」

團隊或公司必須成立：
（一）「人才訓練中心」或
（二）「人才培訓中心」
並由人資部門專責、負責規劃、推動、考核等工作。

圖 23-1

1. 人才訓練中心　VS.　2. 人才培訓中心

↓

培育出更多優秀的各級主管人才及全體員工，以提升全員一致性工作能力

二、培訓層級 4 大類型及其目的

如下圖示：

圖23-2 培訓人才 4 大類

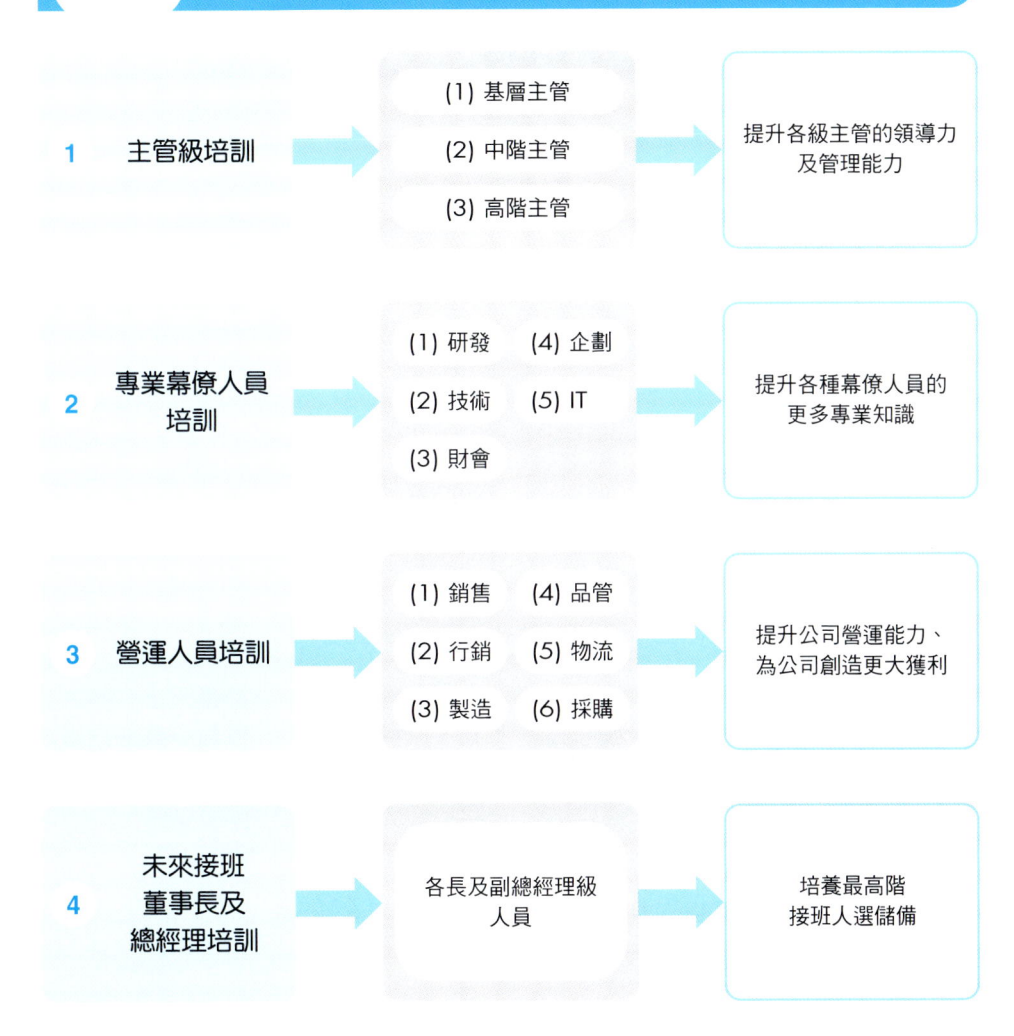

1 主管級培訓
- (1) 基層主管
- (2) 中階主管
- (3) 高階主管

→ 提升各級主管的領導力及管理能力

2 專業幕僚人員培訓
- (1) 研發
- (2) 技術
- (3) 財會
- (4) 企劃
- (5) IT

→ 提升各種幕僚人員的更多專業知識

3 營運人員培訓
- (1) 銷售
- (2) 行銷
- (3) 製造
- (4) 品管
- (5) 物流
- (6) 採購

→ 提升公司營運能力、為公司創造更大獲利

4 未來接班董事長及總經理培訓

→ 各長及副總經理級人員

→ 培養最高階接班人選儲備

第 1 篇　如何打造高績效／高動能團隊（團隊內篇）

041

第 24 堂　團隊要打造出可使成員不斷成長與晉升的新舞台及新空間

一、新舞台的八種來源

團隊要有高動能與高績效的產生，就必須讓成員們有持續成長、希望、與新舞台的空間，這樣好人才，才會留得下來。而新舞台來源，如下圖示：

圖24-1　團隊成員新舞台的八種來源

1	2	3	4
集團化發展，旗下成立新子公司，中高階位置變多。	持續擴大增加新產品線部門。	布局全球，增加派赴海外子公司的高階位置。	併購別家公司，派赴成員們擔任高階主管。

5	6	7	8
擴增連鎖規模，就增加店長及區經理位置。	增加代理國外先進國家產品進口，就增加負責新位置。	發展多角化新事業，成員們就有更多的中高階位置。	持續深化、擴大既有事業的銷售量，也增加中高階新位置。

二、增加新舞台空間的好處

如下圖示：

圖24-2　團隊增加新舞台空間的好處

1. 使團隊成員們更會久留在公司或集團裡面。
2. 可增加對公司、對集團更滿意，向心力更高，貢獻更大。
3. 成員們個人得到更加成長的中高階主管歷練機會。
4. 可形成更好的組織企業文化。

第 25 堂　要使團隊成員都能認股，成為公司的股東及老闆

一、兩種時機點

要使團隊成員，成為公司的股東（認股），主要有兩種時機點，如下圖示：

圖25-1　團隊營收、獲利成長 2 大關鍵

1　旗下子公司一成立時，就開放員工們，以10元面值認股多少。

＋

2　母公司首次IPO上市櫃時，也會開放員工以原始股價10元認購股權。

↓

使團隊成員人人成為公司的股東及老闆

二、效益及優點

公司新成立或 IPO 上市櫃時，開放員工認股，可獲有如下圖示之效益：

圖25-2　團隊成員認購公司股份的好處

1　使團隊成員們人人成為公司股東，人人都是老闆之一。

2　上市櫃後，成員們可獲不少的財務利潤，人人皆高興。

3　成員們人人都是老闆，就會更用心，認真投入公司，使公司賺更多錢。

4　成員們對公司的向心力就更高。

5　成員們的離職率會更加降低。

6　成員們對公司的參與感、認同感、滿意度就更高。

第 1 篇　如何打造高績效／高動能團隊（團隊內篇）

043

第 26 堂　團隊必須建立起完整、正確、有效的各種「管理機制」

一、24 種「管理機制」

團隊要把公司經營成功，必須做好最根本的 24 種管理機制，如下圖示：

圖 26-1　公司最根本的 24 種「管理機制」

1 第一線／門市店營業管理機制	2 研發／新品開發管理機制	3 設計管理機制
4 採購管理機制	5 製造／生產管理機制	6 品管管理機制
7 物流／倉儲管理機制	8 銷售／行銷管理機制	9 售後服務管理機制
10 財會管理機制	11 人資管理機制	12 稽核管理機制
13 資訊化／數位化管理機制	14 法務管理機制	15 董事會管理機制
16 子公司設定管理機制	17 併購管理機制	18 海外公司管理機制
19 創新管理機制	20 總務管理機制	21 O-S-P-D-C-A（一般管理機制）
22 BU（利潤中心）管理機制	23 法說會管理機制	24 損益表管理機制

第 27 堂　團隊必須建立起高遠、宏大、長期、具挑戰性的「企業願景」

一、企業願景（vision）4 要件

任何一個有為的、優良的團隊或公司，都會設定它們長期發展的「企業願景」。其具備 4 要件，如下圖示：

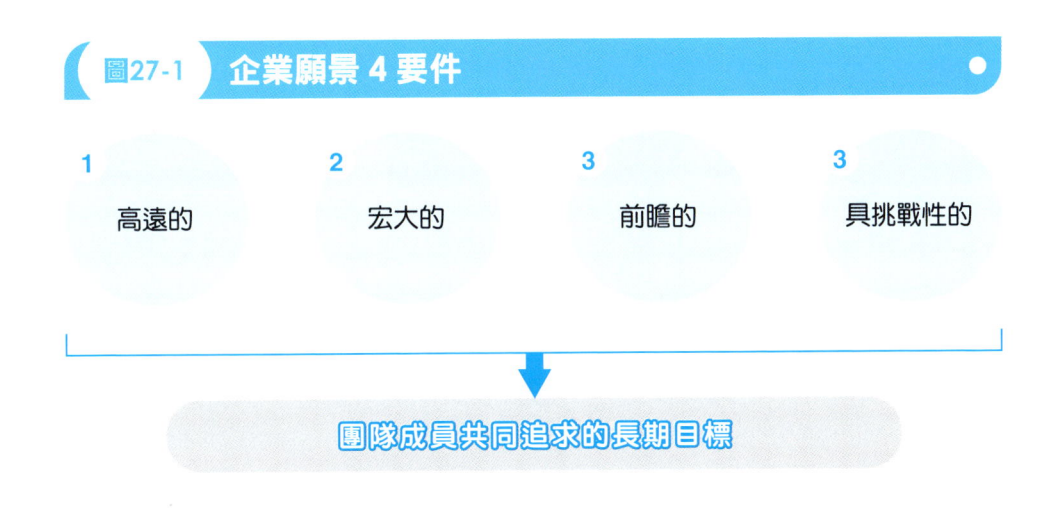

圖 27-1　企業願景 4 要件

1	2	3	3
高遠的	宏大的	前瞻的	具挑戰性的

↓

團隊成員共同追求的長期目標

二、企業願景的好處

企業願景對團隊而言，可帶來如下好處：

圖 27-2　企業（團隊）願景

- 可以督促全體員工，長期團結努力的宏大目標 
- 可能要付出十年、二十年、三十年才能達成！

045

第 27 堂 團隊必須建立起高遠、宏大、長期、具挑戰性的「企業願景」

三、示例

如下圖示：

圖 27-3　企業（團隊）願景成功案例

1. 台積電	2. 統一超商	3. 王品餐飲
全球最大、第一名的先進晶片半導體的研發及製造公司	全台便利商店及總店數第一名的領導品牌	全台餐飲品牌數及總店數第一的餐飲集團
4. 全聯超市	5. 廣達公司	6. 統一企業
全台最具高CP值的領航超市	全球AI伺服器出貨量第一的領航業者	亞洲知名的食品／飲料領導品牌

第 28 堂　團隊要設定每階段、每年度的「目標管理」，並且使命必達

一、何謂目標管理？

美國管理大師彼得・杜拉克在 60 年前，就提出企業經營的重要法則之一，就是要施行「目標管理」（MBO, Management by Objective）；亦即：每個事業群、每個營業部門、每個工廠、每個研發中心、每個幕僚部門、每個海外產銷據點等，都要設定每月及每年甚至三年、五年後的各種經營目標及各自的目標。然後，依據這些目標數據，全體員工及幹部主管及團隊，都必須全力以赴、使命必達。

二、示例

如下圖示：

圖28-1　團隊「目標管理」示例

1. 研發中心
今年度內要成功研發出2奈米先進晶片的高良率製程目標，持續全球第一。

2. 超商展店部
今年度內要成功展店到7,100店目標，持續全國第一。

3. 超商鮮食部
今年度內持續開發鮮食新品，使占營收額目標，從35％提升到40％。

4. 財務部
今年度內要順利完成IPO（上市櫃）目標。

5. 汽車營業部
今年汽車銷售目標為12萬台，成長率3％目標。

6. 採購部
今年度內採購成本一律降5％目標。

7. 製造部
今年度內晶片製造良率目標從95％提高到98％。

8. 商品開發部
今年內，要成功開發出5個新產品，並上市成功目標。

9. 財務部
今年度的營收額、獲利額及EPS目標。

第 28 堂　團隊要設定每階段、每年度的「目標管理」，並且使命必達

三、團隊「目標管理」執行的優點

如下圖示：

圖 28-2　團隊執行「目標管理」的 4 大優點

1. 激勵團隊
團隊有設定各種目標，才會激勵各級主管及成員們全力以赴並達成目標。

2. 獎金鼓勵
若團隊每月、每季、每年都能順利達成目標，公司即發給大額獎金，以鼓舞士氣。

3. 知道為何而戰
目標管理的施行，可使團隊員工，人人都知道為何而戰。

4. 增強團隊實力
團隊能順利達成每個目標，就可使團隊實力更加強大。

第 29 堂　團隊經營必先做好、做強「企業價值鏈」的附加價值工作

一、何謂「企業價值鏈」（corporate value chain）

企業或大型團隊要全方位經營成功，就必須高度重視、並切實做好、做強所謂的「企業價值鏈」工作，讓企業所有的部門及所有的工作，都能創造出更好、更強、更多的附加價值出來，這樣企業必會成功、必會勝過競爭對手。如下完整圖示：

圖29-1　企業完整價值鏈內容

1. 主力營運價值鏈
- (1) 研發／技術
- (2) 設計
- (3) 商品開發
- (4) 採購
- (5) 製造／生產
- (6) 品管／品保
- (7) 物流／倉儲
- (8) 銷售／行銷
- (9) 售後服務

2. 幕僚支援價值鏈
- (1) 財會
- (2) 人資
- (3) 資訊
- (4) 法務
- (5) 企劃
- (6) 稽核
- (7) 總務
- (8) 股務
- (9) 特助

3. 更高、更多高附加價值
- 高品質產品
- 更先進技術
- 交期準時
- 價格合理
- 交貨足夠
- 服務快速

4. 滿足客戶需求與期待

5. 成果／經營績效
- (1) 創造更高營收額
- (2) 創造更高獲利額
- (3) 創造更高EPS
- (4) 創造更高股價
- (5) 更增強企業競爭力與累積更強大實力
- (6) 更擴大事業版圖規模

第30堂　團隊必須擁有各部門卓越、優秀、有能力的一級主管領導幹部

一、一級主管示例

係指各部門、各工廠、各中心均有卓越及優秀的各長，或副總經理、協理級的一級主管。如下圖示：

圖30-1　團隊一級主管示例

- 研發長（研發部副總經理）（CRDO）
- 技術長或廠長（CTO）
- 營運長（COO）
- 行銷長（CMO）
- 人資長（CHRO）
- 財務長（CFO）
- 策略長（CSO）
- 法務長（CLO）
- 資訊長（CITO）
- 商品開發長（CPDO）
- 採購長（CPO）
- 品管長（CQO）

二、一級主管的功能

擔負帶領整個部門組織做好該部門份內工作，以及跨部門協作、支援工作。若一級主管工作能力強，底下各層主管就會強，以及該部門團隊成員能力也會跟著強。最後，公司的經營績效就會好起來，創造出優良的、成長的最佳經營績效出來。

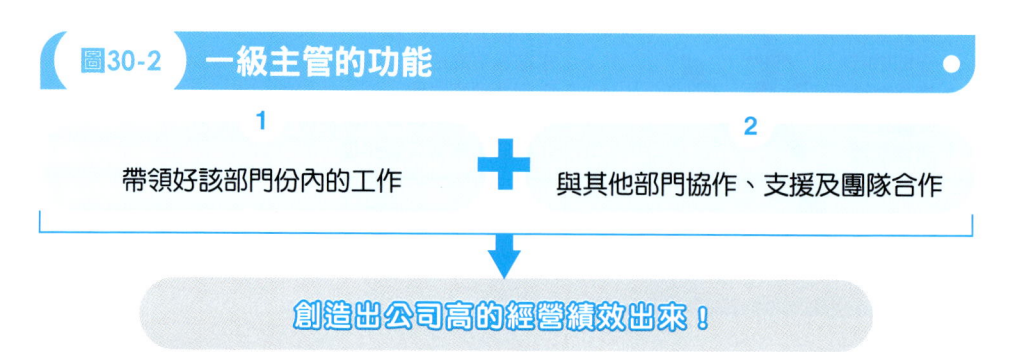

圖30-2　一級主管的功能

1	2
帶領好該部門份內的工作	與其他部門協作、支援及團隊合作

➡ 創造出公司高的經營績效出來！

第 31 堂　團隊做任何事，必須具備：「O-S-P-D-C-A」6 大管理循環工作法則

一、何謂「O-S-P-D-C-A」6 大管理循環工作法則？

團隊主管及成員們，在工作上必須具備 O-S-P-D-C-A 的 6 大管理循環工作法則，才能真正有效的做好、做對工作；如下圖示：

圖31-1　O-S-P-D-C-A 工作法則

O Objective，目標；要先設立工作目標是什麼？達成何目標？

S Strategy，策略；為達成此目標，要採取那些策略，才比較容易達成目標

P Planning，計劃；接著要訂定執行的詳細計劃及作為

D Doing，執行；接著要認真、用心的去做、去執行、去落實

C Check，考核／查核；做的中間及做完成後，都必須給予必要的定期查核，看看工作做的對不對、好不好

A Action，再調整、再出發；工作經過必要調整方向作法、人事等之後，就重新再出發去做到好為止

二、示例：統一超商持續展店工作

如下圖示：

第 31 堂　團隊做任何事，必須具備：「O-S-P-D-C-A」6 大管理循環工作法則

圖31-2　團隊主管及成員如何做到：O-S-P-D-C-A

1. O 目標
五年內，從現在的7,000店，擴增到8,000店目標

2. S 策略
每年平均增加200店，五年完成

3. P 計劃
訂定北、中、南三區各100店、50店、50店展店計劃，以及展店預算計劃

4. D 執行
確實每天去落實執行

5. C 查核
定期每月查核展店進度如何

6. A 再調整、再出發
包括：方向、地區、人力、預算……等事項

三、如何做到？

如下圖示：

圖31-3　團隊經營成功的 3P 管理原則

1. 事前，舉辦這管理工作6循環的教育訓練學習

2. 各級長官要求各部門、各單位具體化去落實照做

3. 人資單位定期查核各團隊落實狀況

第 32 堂　團隊必須營造出優良的與深化的「企業文化」

一、企業文化 3 要求

任何團隊身處在一個企業文化或組織文化中，必然受到其企業文化的影響；因此，一家公司企業文化的好壞，也必然會影響到所有團隊的工作績效，所以，必須慎重看待此事才行。

圖32-1　企業文化 3 要求

1. 優良的
2. 好的
3. 能深入員工內心的！

二、優良企業文化的要求 27 項

圖示如下：

圖32-2　優良企業文化的要求

| 1 誠信的 | 2 正直的 | 3 信賴的 |
| 4 創新的 | 5 創造性的 | 6 能挑戰更高目標的 |

053

第 32 堂　團隊必須營造出優良的與深化的「企業文化」

7 團隊合作的	8 不要個人英雄的	9 講真話
10 謙虛的	11 不自滿的	12 不必唯唯諾諾的
13 不要一言堂的	14 人人要為公司貢獻的	15 持續成長與進步的
16 要終身學習的	17 有危機意識的	18 能尊重員工的
19 能授權員工的	20 好品德、好品格的	21 要無私、無我的
22 忠誠度高的	23 勤奮、努力、用心的	24 高效率與有效能的
25 公司獲利能與員工共享的	26 員工年薪在此行業前3名內的	27 有願景目標的

第 33 堂　團隊成員必須建立起人人都勇於「當責」的心態

一、3 個當責心

任何一個成功的團隊，它必須使每一個成員，都能勇於承擔起自己該負的責任。亦即如下圖示 3 個當責心：

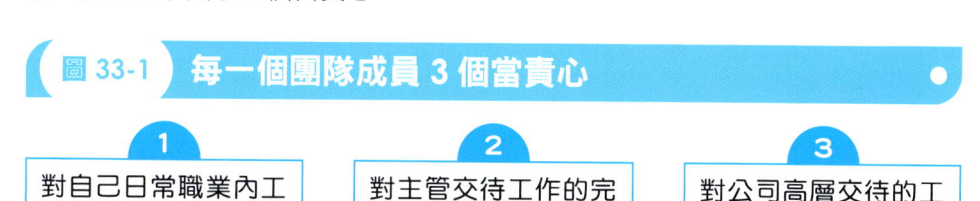

圖 33-1　每一個團隊成員 3 個當責心

1. 對自己日常職業內工作，負起責任。
2. 對主管交待工作的完成，要負起責任。
3. 對公司高層交待的工作，要負起責任。

二、3 個不

如下圖示：

圖 33-2

1. 不推卸責任
2. 不拖延責任
3. 不找藉口

三、要做到 5 個負責

團隊成員人人必須努力做到對工作完成的負責

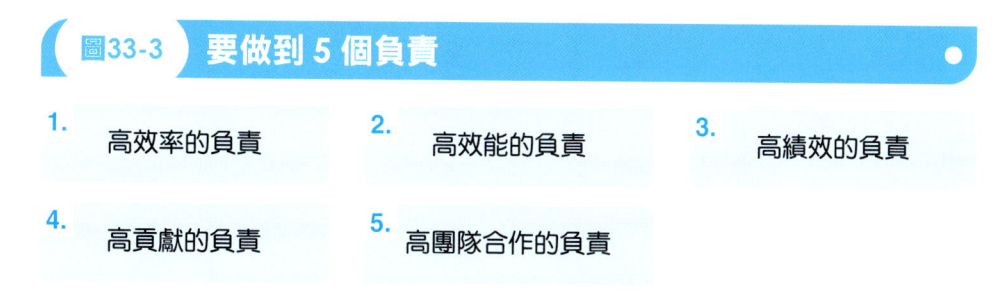

圖 33-3　要做到 5 個負責

1. 高效率的負責
2. 高效能的負責
3. 高績效的負責
4. 高貢獻的負責
5. 高團隊合作的負責

055

第 34 堂　團隊各級主管必須做到八個字：無私、無我、公平、公正

一、無私、無我、公平、公正的意涵

團隊的各級主管都必須成為成員們的榜樣，那就必須用心的做到八個字：

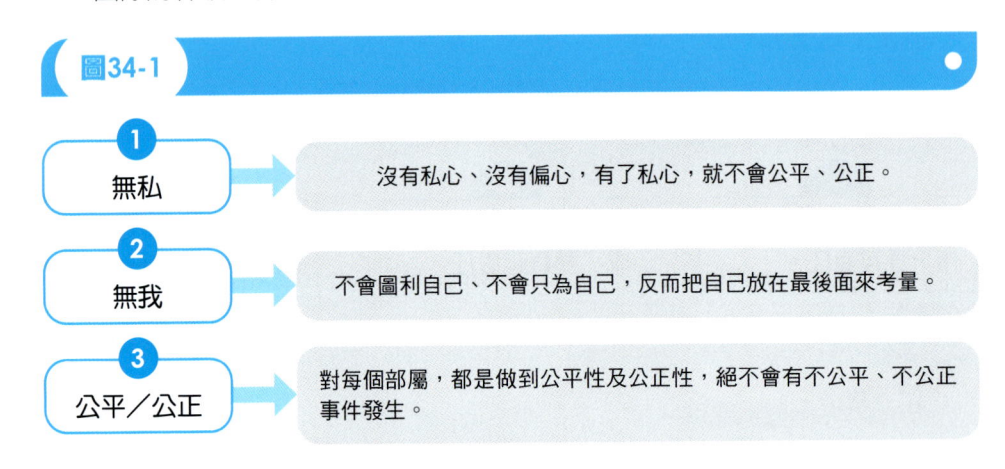

圖34-1

1. 無私 → 沒有私心、沒有偏心，有了私心，就不會公平、公正。
2. 無我 → 不會圖利自己、不會只為自己，反而把自己放在最後面來考量。
3. 公平／公正 → 對每個部屬，都是做到公平性及公正性，絕不會有不公平、不公正事件發生。

二、無私、無我、公平、公正的項目

如下圖示：

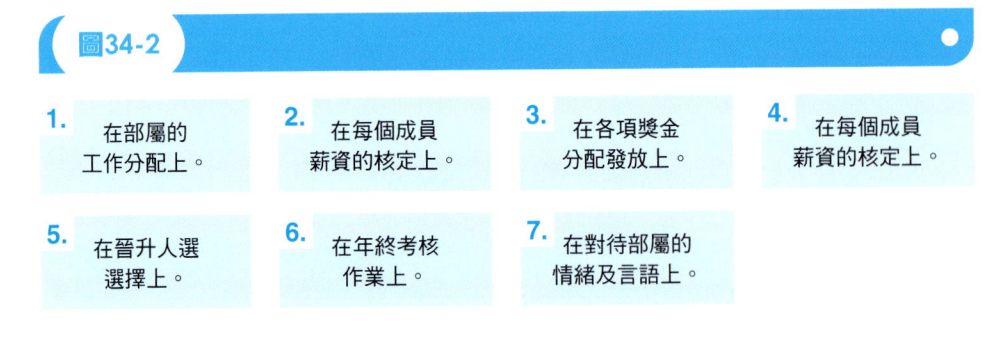

圖34-2

1. 在部屬的工作分配上。
2. 在每個成員薪資的核定上。
3. 在各項獎金分配發放上。
4. 在每個成員薪資的核定上。
5. 在晉升人選選擇上。
6. 在年終考核作業上。
7. 在對待部屬的情緒及言語上。

三、結語

總而言之，任何一個大或小團隊的各級主管們，務必做到、做好這八個字：「無私、無我、公平、公正」，你才有資格去領導及指揮部屬們為公司付出及創造出好績效、好成果來。

第 35 堂　團隊要做好成員對公司的「參與度」與「滿意度」管理

一、員工參與度管理的意涵

日本大企業每二年都會做一次員工對公司的參與度滿意調查，大概都在 70%～80% 之間。當員工感受到對公司參與度愈高，就會愈有成就感、向心力及團結心，也會愈了解公司的營運，以及願意貢獻能力給公司。

圖 35-1

團隊成員對公司的參與度感受愈高
↓
對公司的向心力、團結心，留才率就愈高！

二、如何做好參與管理？

如下圖示：

圖 35-2　如何做好員工對公司的參與管理

1. 非機密事項
公司除研發與技術等機密事項外，其他事情，應儘量讓員工參與及知道。

2. 親子日
公司每年一次舉辦「員工親子日」園遊會，使全體員工可放鬆心情。

3. 發行內部刊物
公司應發行內部刊物或電子報，使員工了解公司各項事務的發展情況。

4. 高階與員工座談會
公司董事長或總經理應每年一次與員工代表們面對面座談，提出對公司意見及做 Q&A。

5. 法說會
公司應每年或每半年或每季舉辦法說會，並將其錄影起來，放在公司官網上，提供員工觀看。

6. 統一企業
公司的企業文化，應是開放公司，讓員工儘量參與公司各項經營與管理。

第 36 堂　團隊長官應允許成員為創新而犯錯，但要在犯錯中反省及進步

一、為創新而犯錯的種類

如下圖示：

圖36-1　為創新而犯錯的種類

1. 新產品開發創新失敗的犯錯
2. 新車型設計創新失敗的犯錯
3. 研發技術試驗失敗的犯錯
4. 各種行銷廣告、宣傳、及活動創新失敗的犯錯
5. 製程良率改善創新失敗的犯錯
6. 產品品質升級創新失敗的犯錯

二、犯錯了該如何？

如下圖示：

圖36-2　為創新而犯錯該如何？

1. 要記取教訓
2. 要自我反省，省思犯錯、失敗在那裡
3. 然後再追求下一次創新的改善與成功

三、不能處罰團隊成員

如下圖示：

圖36-3

團隊成員如因各種創新而失敗或犯錯，各級主管絕不能處罰該成員，否則大家以後都不敢做創新突破之事，這對公司是更大不利

↓

努力反省、檢討、改善及追求下一次創新的成功！

第 37 堂　團隊必須建立任何事都必須有定期檢核、查核、考核的制度及規範

一、定期查核的目的

如下圖示：

圖37-1　團隊建立定期查核的 4 個目的

1. 確保品質
能確保團隊成員工作品質的一致性與完美性。

2. 如期完成
能確保團隊成員執行時程，是否能如期完成。

3. 無違規違法事件
能確保團隊成員們無違規、違法事件。

4. 保持警覺性及積極性
能確保團隊成員永遠保持對工作及任務的警覺性及積極性。

二、定期檢核示例

如下圖示：

圖37-2　定期檢核示例

1. 政府對汽車、機車每年都要定期去檢核。
2. 工廠機器設備也要定期維修檢核。
3. 任何公司都有年終考核制度，以核定特優、優、甲、乙、丙等，並跟年終獎金連結。
4. 國內上市櫃公司都設有稽核部，針對公司八大循環進行稽核，看是否有違規、違法事項發生。
5. 超商門市店的區經理，也必須定期對轄下的各個門市店進行各種作業規定進行查核。
6. 公司提供員工赴醫院定期健檢工作。

第 38 堂　團隊必須建立／培養具備卓越能力與品德能力的每一代最高領導人

一、團隊最高領導人的重要性

任何一個大公司、大集團的成功，都必然有卓越的最高團隊領導人，例如：
- 台積電：張忠謀
- 鴻海：郭台銘、劉揚偉
- 遠東：徐旭東
- 富邦：蔡明忠
- 統一企業：羅智先
- 全聯：林敏雄
- 美國輝達（NVIDIA）：黃仁勳
- 日本優衣庫（Uniqlo）：柳井正
- 美國蘋果（Apple）：庫克

圖38-1　大集團最高領導人的 3 大功能

1	2	3
是一艘大船的總舵手	是一個集團的總指揮、總領導者	能帶領集團往更高遠、更成長的方向與戰略發展

二、如何做好集團最高領導人的接班工作

如下圖示：

圖38-2　如何做好集團最高領導人的接班工作？

1. 要有計劃的挑選出最具潛力的接班人	2. 要有計劃給予培訓及歷練	3. 要能力及品德兩方面均佳者
4. 要符合全體員工的期待與推薦	5. 要能符合公司長久以來的一致性企業文化	6. 要有前瞻性及長遠性的眼光

061

第 39 堂　團隊成員每人應兼具高效率性及高效能性

一、何謂高效率性？高效能性？

如下圖示：

圖 39-1

1 高效率性（efficiency） → 係指行動很快，做事很快完成，稱為有效率的員工或團隊成員。例：命令一個月完成，但3週就能完成。

2 高效能性（effectiveness） → 係指能把事情做對、做正確、做好、做出貢獻，此稱有效能員工。

二、此類成員不能用

如下圖示：

圖 39-2　此類團隊成員不能用

1. 效率很快、執行力很強，但事情沒做對、沒做好
   ＋
2. 效率太慢、拖延、延滯、delay，更是不能有的

三、兩者兼具最好的人才

如下圖示：

圖 39-3　團隊營收、獲利成長 2 大關鍵

1. 做快（高效率）
   ＋
2. 做好、做對（高效能）
   ＝
團隊成員必須努力成為：兼具高效率與高效能的優秀一流人才！

第 40 堂　團隊要能有持續領先的研發與技術

一、領先的研發（R&D）與技術最重要

對高科技公司而言，團隊最重要的，就是要有領先的研發（R&D）及技術，這是公司的決勝關鍵點，唯有領先，才能創造高營收及高獲利率。

圖40-1

領先的研發（R&D）及技術最重要
- 公司的決勝關鍵點所在
- 才能創造高營收及高獲利！

二、示例

茲示例圖示如下：

圖40-2　領先的研發與技術示例

1. 台積電	2. 廣達	3. 大立光
3奈米、2奈米、1奈米的先進晶片研發及製程全球第一名	先進的AI伺服器技術全球第一	先進多鏡頭的手機鏡頭技術全球第一

4. 鴻海	5. 台大醫院、台北榮總、林口長庚	6. 特斯拉（Tesla）、比亞迪
蘋果手機組裝技術全球第一	台灣先進醫學技術的領先者	領先的電動車製造技術及銷售量

第 41 堂　團隊必須營造出成員們對公司強大的歸屬感、向心力、忠誠度及貢獻度

一、公司爭取全體員工心的 4 大努力目標

如下圖示：

圖41-1　公司爭取全體員工心的 4 大努力目標

1. 員工對公司有強大歸屬感
2. 員工對公司有深厚向心力
3. 員工對公司有長期忠誠度
4. 員工對公司有實際貢獻度

二、如何做到？

如下圖示：

圖41-2　如何增強員工對公司的歸屬感、向心力、忠誠度、貢獻度

1. 未來性	公司有未來性、有前途展望、能不斷成長。
2. 長期活下去	公司每年都有獲利，能夠長期存活下去。
3. IPO	公司能成功IPO（上市櫃）。
4. 薪獎／福利好	公司的薪資獎金、福利豐厚，善待員工需求。
5. 企業文化	公司有人人肯定並服從的優良企業文化。
6. 尊重員工	公司能尊重員工、禮遇員工、善待員工。
7. 培訓與成長	公司能有計劃的培訓員工，使員工能不斷成長、成功。
8. 社群好口碑	公司在社群媒體上，有好口碑。
9. 幸福企業	公司是列名業界的幸福企業。
10. 舞台發揮	公司能有更多新舞台，可讓員工晉升及發揮。

第 42 堂　團隊內與團隊間，必須做好有效的與透明的溝通／協調機制

一、團隊溝通兩大類

企業營運要順暢及成功，團隊溝通／協調也是一個重要因子。團隊溝通，可區分為兩大類，如下圖示：

圖42-1　團隊溝通兩大類

1. 團隊內：係指團隊內的成員彼此間，要做好溝通／協調工作

＋

2. 團隊之間：係指團隊與不同團隊彼此間的協作之溝通／協調工作

二、示例

團隊與不同團隊之間的溝通／協調工作，如下案例：

圖42-2　團隊與團隊間的溝通／協調示例

1. 採購部與製造部之間	2. 營業部與製造部之間	3. 製造部與品管部之間
4. 營業部與商品開發部之間	5. 營業部與行銷部之間	6. 營業部與售後服務部之間
7. 門市店與物流中心之間	8. 人資部與缺人部門之間	9. 財會部與營業部之間
10. 法務部與研發部之間	11. 研發部與營業部之間	12. 經營企劃部與各事業群之間

第43堂　團隊必須把權責劃分清楚及明確、一致性

一、各級主管的權責必須一致性，有權力，就必須負責任

在各種團隊中及各級主管中，必須建立起：

圖43-1

有權力 ➡ 就要有相對應的責任

不能只享受權力，而卻不負責任。因此，任何團隊、任何公司必須建立起，對各級主管的：

圖43-2

1. 權責一致性
2. 權責明確性
3. 權責制度化
4. 權責明文化

二、各級主管應負之責任示例

如下圖示：

圖43-3　團隊各級主管應負之責任示例

1. 年營收額嚴重下滑
2. 市占率嚴重衰退
3. 品牌嚴重老化
4. 併購案嚴重失敗
5. 新技術嚴重落後
6. 新店型推出失敗
7. 海外據點營運失敗
8. 新事業抉擇錯誤
9. 公司股價及公司總市值嚴重低落

第44堂　團隊非不得已,儘量不要加班,避免影響成員的家庭生活及身體健康

一、新趨勢:工作＋家庭生活兼具、平衡、平等

現在,Z世代年輕人的上班觀點新趨勢,是在工作上與個人家庭生活上,兩者取得平衡及平等、兼具,不能只成為上班工作的死機器人。所以,團隊各級主管應儘量教育成員,把上班的工作,在上班八小時內,以高效率方式完成,然後即可下班回家,不必加班,反對加班。

團隊各級主管及公司高層必須認知到:人生不能只有工作,還必須有員工個人生活、家庭生活、及身體健康必須兼顧到才行。

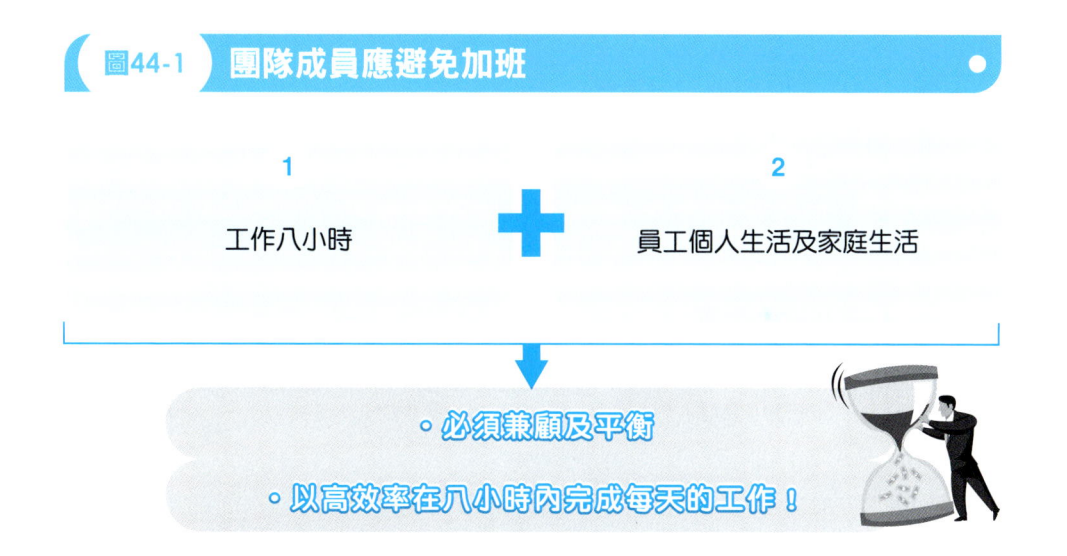

圖44-1　團隊成員應避免加班

1 工作八小時
＋
2 員工個人生活及家庭生活

- 必須兼顧及平衡
- 以高效率在八小時內完成每天的工作!

第1篇　如何打造高績效／高動能團隊（團隊內篇）

067

第 45 堂　團隊成員應自動自發，把事情做對、做好

一、團隊成員工作精神五項要件

如下圖示：

圖45-1　團隊成員工作精神五項要件

1. 主動、積極
2. 自動、自發
3. 認真、用心
4. 努力、勤奮
5. 把事情做好、做對、做到完美（perfect）

二、團隊成員工作精神五項要件的對照

如下圖示：

圖45-2　團隊成員工作精神五項要件對照

可用的好人才、好成員

正向	負向
1. 主動、積極	1. 被動、消極
2. 自動、自發	2. 不自動、不自發
3. 認真、用心	3. 不認真、不用心
4. 努力、勤奮	4. 不努力、不勤奮
5. 把事情做好、做對、做到完美（perfect）	5. 事情沒做對、沒做好、沒做到完美，有缺漏

不可用的成員

第46堂　團隊成員要有高度「使命感」，每天勤奮努力工作，達成團隊使命

一、十種類使命感

如下圖示：

圖46-1　團隊成員應具備的 10 種使命感

1. 為團隊業績達成的使命感
2. 為團隊獲利達成的使命感
3. 為團隊產業領導地位達成的使命感
4. 為團隊企業總市值達成的使命感
5. 為團隊市場股價目標達成的使命感
6. 為團隊營收成長率目標達成的使命感
7. 為團隊成為幸福企業目標達成的使命感
8. 為團隊成為股東、員工、公司三贏目標達成的使命感
9. 為團隊永續經營目標達成的使命感
10. 為團隊競爭力目標達成的使命感

總之，團隊成員人人都能勤奮努力投入工作，並有高度使命感，那麼，此團隊必會成為最佳的與最成功的團隊。

第 47 堂　團隊各級領導主管，應與部屬定期談話，了解部屬狀況、問題及困難

一、兩大談話主題

團隊各級主管應與部屬定期談話，主要有兩大類談話主題，如下圖示：

圖47-1　團隊各級主管應與部屬談話的兩大類主題

主題1　工作
可了解部屬在工作上的狀況、問題及困難。

＋

主題2　家庭生活
可了解部屬們的家庭生活狀況。

二、兩個談話的成效

團隊主管與部屬定期 1 對 1 面對面談話，可達成兩個效果，如下圖示：

圖47-2　2 個談話的效果

1
可了解部屬在工作上的狀況、問題及困難。

＋

2
可建立主管與部屬的交心，適時表達主管的關心、關切、關懷。

三、談話次數

如下圖示：

- 半年或一年一次
- 每個部屬都單獨面對面進行

第 48 堂　改革並不困難，但問題是：老員工不願意改

一、光陽機車丟失 20 年機車銷售寶座

2023～2024 年，光陽機車連續兩年輸給了三陽機車，丟失了連續 20 年的機車銷售冠軍寶座。光陽機車董事長柯勝峯表示：「過去成功方程式，讓老員工懈怠，許多改革無法推動，如今輸掉冠軍，才讓沉睡獅子醒過來。」

二、光陽內部組織五大缺點

柯董事長自己盤點，光陽內部組織長久以來不願改革的五大缺點，如下：

圖48-1　光陽機車內部組織五大缺點

1. 車型設計太保守，但競爭對手卻跟上年輕人口味。
2. 光陽行銷廣告方式太傳統，主打電視廣告且只講產品，沒給消費者想要的。
3. 近年引入移工，導致產品品質不穩定。
4. 內部資訊系統未適時更新。
5. 降價促銷未必有用。

三、開始檢討產品線

光陽機車已開始檢討產品線，並研究市場，找出那些產品線落後要補強戰力，縮小與三陽對手的距離。

圖48-2

首要，檢討產品線
↓
要更符合年輕人喜歡的產品設計！

第49堂　團隊應推動「員工家庭日」，以凝聚成員向心力

一、推動「員工家庭日」

現在，已有愈來愈多的高科技公司推動「園遊會式」或「旅遊式」的所謂「員工家庭日」活動，帶來不小的效益與好處。

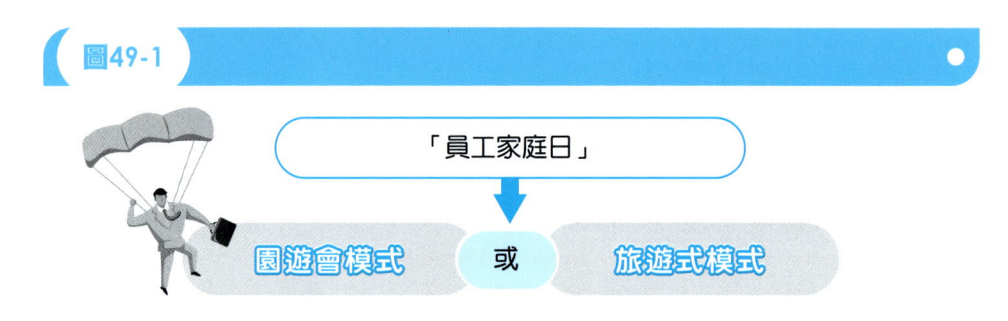

圖49-1

「員工家庭日」 → 園遊會模式 或 旅遊式模式

二、「員工家庭日」的好處

科技公司的員工家庭日活動，可為公司帶來下列好處，如下圖示：

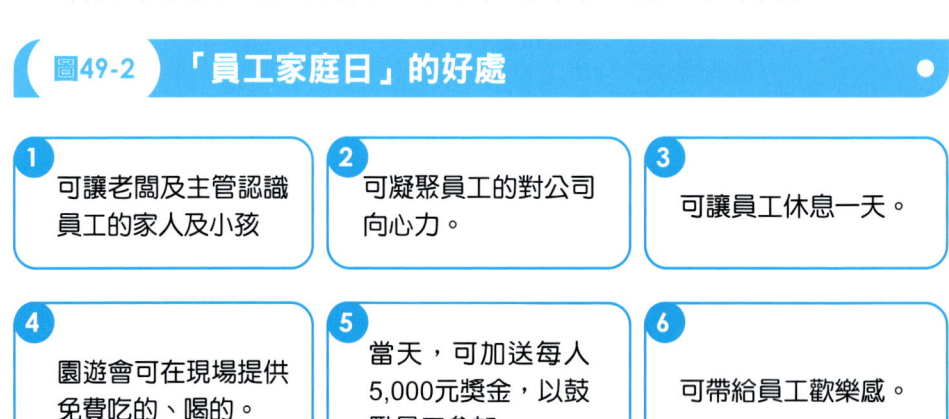

圖49-2　「員工家庭日」的好處

1. 可讓老闆及主管認識員工的家人及小孩。
2. 可凝聚員工的對公司向心力。
3. 可讓員工休息一天。
4. 園遊會可在現場提供免費吃的、喝的。
5. 當天，可加送每人5,000元獎金，以鼓勵員工參加。
6. 可帶給員工歡樂感。

第 50 堂　團隊必須貫徹對員工的考績制度，才會有好績效

一、考績的次數

如下圖示，以 12 月底舉辦的年度考績為最主要。

圖 50-1　考績的次數

年度考績（一年一次）　或　半年考績（半年一次）　或　季考績（一季一次）

二、考績的五個等級

如下：

圖 50-2　考績的等級

1. 特優　90～95分
2. 優　86～89分
3. 甲　80～85分
4. 乙　75～79分
5. 丙　70～74分

第 50 堂　團隊必須貫徹對員工的考績制度，才會有好績效

三、考績與獎金制度相連

如下圖示：

圖50-3

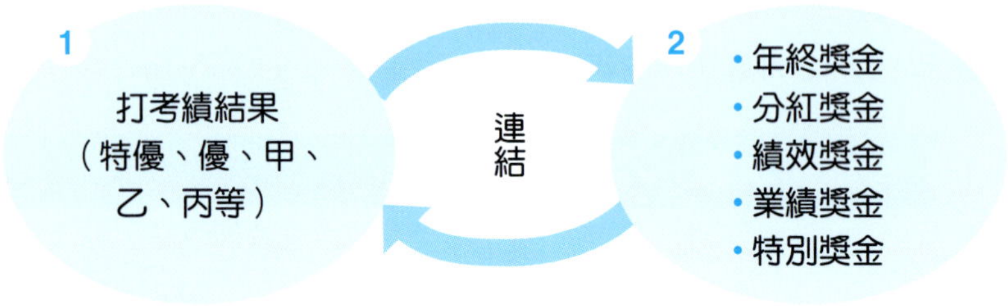

1. 打考績結果（特優、優、甲、乙、丙等）

連結

2.
- 年終獎金
- 分紅獎金
- 績效獎金
- 業績獎金
- 特別獎金

得到特優及優等考核的團隊成員，其所拿到的年終獎金及分紅獎金就更多。

四、考績制度的優點

如下圖示：

圖50-4　打考績制度的優點

1. 可激勵員工更努力、更勤奮上班工作。

2. 可獎勵優秀人才及有貢獻的好人才。

3. 可汰除、資遣太差的員工。

4. 可使整個組織更有競爭力。

5. 可避免部分成員的懈怠及偷懶性。

6. 可維持各級領導主管的指揮與領導力。

五、各級主管打考績的六大要求

如下圖示：

圖50-5　團隊各級主管打考績的六大要求

1. 符合公平性、公正性、平等性及客觀性。
2. 主管不能有派系觀念，必須無私、無我。
3. 主管對於考績差的，應予以面談，指出其缺點及弱項在哪裡，期待他能改善。
4. 打考績要以績效及潛力為最重要指標，而非聽話為指標。
5. 要有兩層上級主管共同打考績分數。
6. 各級主管打考績之前，必須先看看成員對自己的考核陳述內容。

第 51 堂　團隊必須提升及養成各級主管幹部正確的「決策能力」

一、主管決策能力的重要性

其實，團隊各級主管每天日常的主要工作，就是：下各種決策。所以，團隊各級主管必須不斷提升及養成他們自己的正確決策能力，才會有公司的好績效產生。

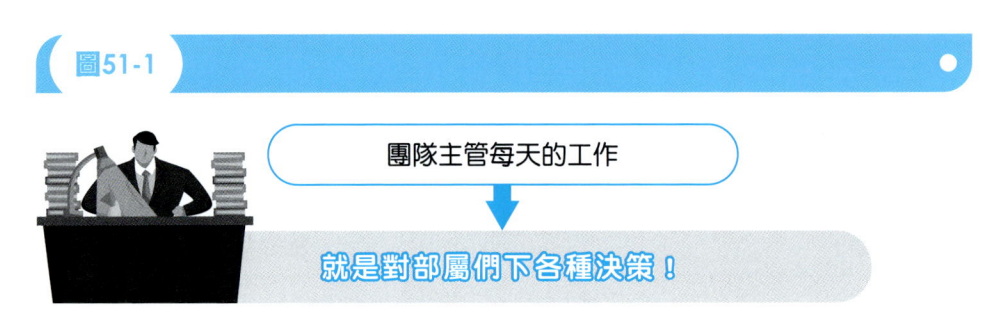

圖51-1

團隊主管每天的工作

↓

就是對部屬們下各種決策！

二、下決策的四大要求

如下圖示：

圖51-2　團隊各級主管下決策的四大要求

1
要有正確性的決策。

2
要及時下決策，勿拖延不做決定。

3
要先聽取團隊成員意見，並結合自己意見之後，再下決策。

4
要決策時，最好要與部屬們有共識感，他們才會認真去執行。

三、如何培養主管下決策能力？

如下圖示：

圖51-3　如何培養團隊各級主管下決策能力？

1. 多累積個人的工作經驗。
2. 多了解各領域的知識與實務。
3. 多傾聽部屬們不同的意見、看法與觀點。
4. 多詢問外界的專家／學者／顧問。
5. 堅持個人的終身學習，每天學習，每天進步。
6. 多走出去第一線的實務觀察及了解。
7. 向公司更高階主管學習他們的決策思維及模式。

第 52 堂　團隊要持續／不斷的強化人才新來源及其專業技能

一、團隊需要人才新來源,才能不斷壯大團隊能力

團隊為什麼要不斷的尋找人才新來源,主要有如下圖示原因:

圖 52-1　團隊需要人才新來源的 6 大原因

1. 成員離職	2. 外在環境改變	3. 多角化人才
團隊好人才,多多少少也會因各種原因而離職,故要補缺。	外在環境改變,必須要新技能、新產業、新知識的好人才。	團隊開拓多角化新事業,也必須要新事業的不同人才。
4. 事業規模愈大	**5. 國際化人才**	**6. 新行業人才**
當事業規模愈來愈大,也會必須要多元化人才。	當布局全球,開展國際化市場,也會必須要國際化人才。	當新行業及新商機出現時,也需要新型態人才。

圖 52-2

團隊需要人才新來源
↓
才能不斷壯大團隊組織能力及擴大事業版圖

第 53 堂　團隊的「預算管理」制度，是創造好績效的工具

一、什麼是預算管理制度？

就是公司在每年 12 月底前，董事長及總經理會召集各部門一級主管，指示提報明年度全公司的損益表預算數字。要細到每個月及全年合計的營業收入、營業成本、營業毛利、營業費用及營業損益。

如下圖示：

圖53-1　某公司某年度損益預算表

	1月	2月	3月	4月	5月	6月	7月	8月	9月	10月	11月	12月	合計
營業收入													
－營業成本													
營業毛利													
－營業費用													
±營業外收支													
＝稅前損益													

二、為何要有預算管理制度？功能為何？

（一）目標管理及數字管理的實踐

企業營運必須要有目標及數字，才知道為何而戰，以及戰勝的目標。每月、每年損益表中，最重要的就是營業收入目標及稅前獲利目標，這兩個指標，會說明一家公司績效的好壞，以及有沒有進步及成長率多少。

（二）做為每個月的檢討基礎

每個月必須就實際的營運數字與目標預算數字互做比較，看看預算的達成率如何，如果達成率很高，就表示公司的營運績效不錯，如果達成率很低，就代表績效差。

（三）做為良性督促的壓力

每月的損益預算，對全體員工來說，是一個良性督促全員努力達成目標的一種適當壓力，如此，大家才會更努力追求每月預算的達成率。

圖53-2　預算管理制度的功能

1		2		3
做為目標管理及數字管理的實踐	＋	做為每個月的檢討基礎	＋	做為對員工良性督促的壓力

三、預算管理制度如何做？

（一）首先，由財務部在 12 月主辦，各部門協助提供數字。
（二）由業務部（或稱營業部、門市部、專櫃部）提出明年度 1~12 月的營業收入預估數字。
（三）由工廠或進口代理部門提出明年度 1~12 月的營業成本或進貨成本預估數字。
（四）由各幕僚部門提出明年度 1~12 月的營業費用預估數字。
（五）然後，由財務部彙整，形成明年度 1~12 月損益預算表數字。
（六）最後，由董事長召集各部門一級主管開會，討論明年度的損益預算表數字及比率，然後予以必要修正、修改，最後才正式定案。

圖53-3　損益預算表制定流程

1.	2.	3.	4.
財務部發出通告，各部門提供明年預算數字。	各部門提供：營業收入、營業成本、營業費用等三種數字給財務部。	由財務部加以彙總形成明年度損益預算表。	由董事長召集開預算會議，經報告、討論、修正後，正式定案。

四、預算管理制度的兩項注意要點

（一）預算數字不宜太高或太低

對明年度 1~12 月的營業收入預估數字，不可以偏高太多，以致於達不成，打擊員工士氣；但也不能太低，太容易達成缺乏向上升的挑戰性。

（二）預算數字要彈性調整

公司的損益預算數字，也不能鐵板一塊，若遇到經濟景氣變化、新冠病毒疫情變化、國內外戰爭激烈變化……等諸多環境改變，此時損益預算表也要加以調整改變，以符合實際情形，而不是弄些漂亮數字在那裡。

圖53-4　預算管理制度的兩項注意要點

1. 損益預算數字不宜太高或太低

＋

2. 損益預算數字，面對環境變化，也要機動彈性調整

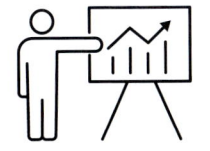

第 54 堂　團隊的「利潤中心」（BU）制，是團隊好績效的促進根基

一、逐漸普及的 BU 制度

很多中大型企業的組織高系中，都採取 BU（Business Unit）利潤中心制度。BU 是來自於美國企業的 SBU（Strategic Business Unit，戰略事業單位），後來簡稱為 BU 利潤中心制度。也就是中大型組織中，將企業的事業體加以區分為更專業的事業單位，並以利潤中心為基本運作精神。

圖54-1　何謂 BU 制度

BU制度 ➜ 將事業體切割為好幾個事業單位，並獨立為利潤中心運作。

二、設立 BU 的獨立單位

在中大型公司中，其組織體的 BU 運作，大致可區分為：
（一）各分公司別
（二）各分店別
（三）各分館別
（四）各品牌別
（五）各產品線別
（六）各工廠別
（七）各事業部別

上述單位都可以設立多個 BU 成為獨立利潤中心制度。案例：
- 新光三越：全台 19 個分館，就是 19 個 BU。
- 王品集團：全台 28 個品牌餐飲，每個品牌別，就是一個 BU，總計 28 個 BU。
- P&G：洗髮精品牌有飛柔、潘婷、海倫仙度絲、沙萱，故成立 4 個品牌 BU。

圖54-2　設立 BU 的獨立利潤中心單位區分

01	02	03	04
各事業部別	各分公司別	各分店別	各分館別

05	06	07
各品牌別	各產品線別	各工廠別

三、各 BU 制度的損益計算

各 BU，都有它獨立的每月損益表計算，凡是有獲利的 BU，就有獎金可拿，虧損的 BU，就沒有獎金可拿。如下圖示：

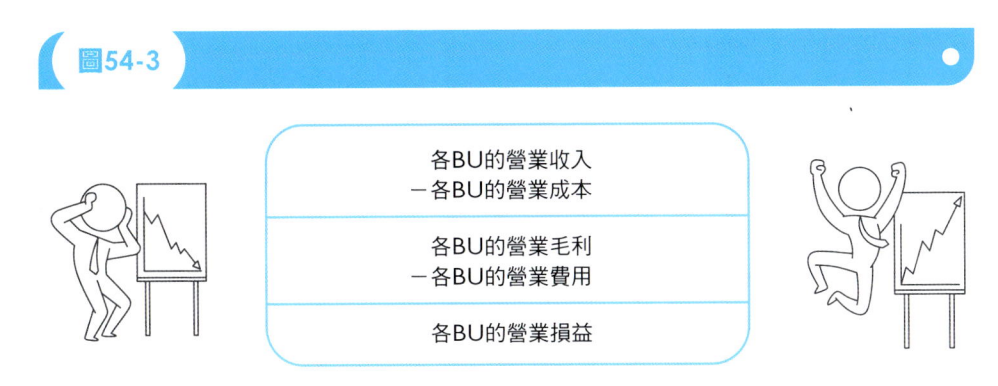

圖54-3

各BU的營業收入
－各BU的營業成本

各BU的營業毛利
－各BU的營業費用

各BU的營業損益

四、各 BU 績效與獎金連動

凡是各 BU 每月或每季或每半年有獲利，即會加發該 BU 單位全體員工的績效獎金。案例：

某公司每月獲利 100 萬元，就從其中抽出 30 萬元（30％），平均分給該 BU 單位的 10 位成員，每位成員，除了月薪外，另外還可以分到 3 萬元獎金，頗具激勵性。反之，若某個 BU 單位，長期都虧損，則應在適當時候，予以停止關掉此單位，以避免再持續虧損下去，減少總公司的負荷。

圖54-4 BU 制與獎金連動

- BU 每月獲利 → 每月發放該單位成員可觀的績效獎金。
- BU 每月虧損 → 快速予以停止關掉，減少總公司負擔。

五、BU 制度的優點

（一）權責一致，避免吃大鍋飯
執行 BU 獨立利潤中心的組織，可以達成權責一致，避免吃大鍋飯，而能各盡努力，各顯本事，各自省成本，各自增加獲利目標。

（二）提升各 BU 競爭力
執行 BU 制度，會顯著提升各 BU 的市場競爭力，也會提高全公司的營收及獲利增加。

（三）拔擢年輕人
執行 BU 制度，可以拔擢更多優秀年輕人擔任「BU 長」（BU 主管），可讓組織更加年輕化。

（四）增進組織良性競爭
擴大執行各 BU 獨立利潤中心制度，可以促使組織內部各個 BU 之間的良性競爭，從而促進整個組織競爭力的大大提升。

（五）提高各 BU 的附加價值及獲利
各 BU 長一定會想辦法如何使該 BU 單位更加創新，更加技術突破從而創造更高的附加價值，也就提高了全公司營收及獲利。

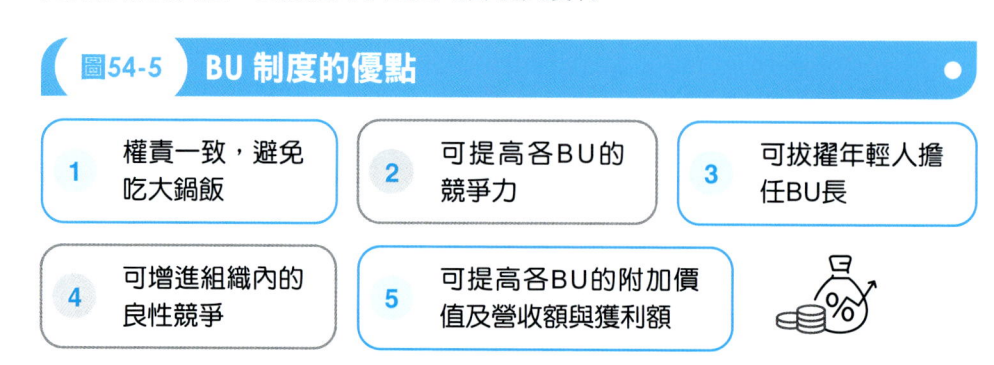

圖54-5 BU 制度的優點

1. 權責一致，避免吃大鍋飯
2. 可提高各BU的競爭力
3. 可拔擢年輕人擔任BU長
4. 可增進組織內的良性競爭
5. 可提高各BU的附加價值及營收額與獲利額

第 55 堂　團隊要努力邁向及達成 IPO（上市櫃）

一、IPO 的意義

所謂 IPO（Initial Public Offering），即公司首次掛牌上市櫃的意思，亦即公司已經成為證券市場的上市公司或上櫃公司了。一般公司，在 IPO 上市櫃之前，都是先上「興櫃公司」，然後成為「上櫃公司」，最後再成為「上市公司」。現在，由於政府鼓勵企業儘量上市櫃，故其審核條件已逐漸放寬，並不算十分困難。

圖 55-1　IPO 的意義

IPO → ・公司首次掛牌上市、上櫃。
　　　・公司股票首次公開發行。

二、IPO 的好處及優點

公司 IPO 成為上市櫃公司，可為公司帶來不少好處及優點，如下述：

（一）取得低成本資金來源

公司上市櫃之後，即可在公開資本市場，取得極低成本的資金來源，有利於公司加速拓展其營運規模。

（二）提高公司總市值

公司上市櫃之後，即有公開且客觀的股票價格，可以依此價格，算出公司的總市值，如果公司經營良好，且股價不斷升高，則企業總市值也會不斷創新高，代表這家公司的優良經營績效及有價值經營。

（三）吸引優秀人才

上市櫃公司因為公司薪資、獎金、紅利、福利等，都比未上市櫃公司要好很多，因此，自然能夠吸引到更多、更好、更優秀的人才到公司來，公司也因此進入良好循環，也強化了公司的總體人才競爭力。

（四）獲得個人財務利得

一般而言，凡是公司第一次上市櫃，都要各級員工以低價認購一些股票，此股票日後若上升到 100 元、200 元、300 元……等，則每位員工及每位幹部所獲股票差價的財務利得，也算是不少的，員工及幹部們都會皆大歡喜。

（五）提高企業形象

成為上市櫃公司，進入公開資本證券市場掛牌，若營運績效優良，不斷提升股價及企業總市值，必可大幅強化企業形象及知名度，為企業帶來更美好的未來。

（六）取得銀行低利率貸款

若公司在營運期間，有任何重大投資時，也比較容易向銀行取得低利率且長期的貸款，壯大其長期拓展經營，或其全球化布局。

圖55-2　IPO 的好處及優點

- 01　可取得低成本資金來源
- 02　可提高公司總市值
- 03　可吸引優利人才
- 04　可獲得個人的財務利得
- 05　可提高企業形象及知名度
- 06　可取得銀行低利率貸款

三、上市櫃過程，應注意事項

公司在申請上市櫃過程中，應注意到下列幾點：

（一）成立專案小組

公司內部應組成「上市櫃專案小組」，由財務部主辦，各部門一級主管均加入成為組員，大家共同努力為此專案而成功。

（二）找承銷商輔導

接著公司必須找一家良好往來的承銷商，輔導公司成為合格的上市櫃公司。找證券承銷商輔導，一方面是為了符合政府證交所的法規，另一方面也是可以強化公司的經營體質，提高公司的經營績效。

（三）做好經營績效

在輔導承銷商合作下，公司為了在上市櫃中，拿到好看的股票價格，因此都會努力創造近三年公司的優良經營績效，包括：好看的營收額成長率、好看的獲利率、好看的 EPS（每股盈餘）、好看的 ROE（股東權益報酬率）、好看的市占率、好看的市場領導排名、好看的未來成長性、好看的企業競爭優勢及企業核心能力。

（四）遵照證交所法規

最後一關，是公司經營團隊成員，必須到證交所會議室進行與外部委員的審查簡報及詢答會議，通過後，才算正式通過合格。公司最後都會積極努力準備此項重要的審查簡報會議。

（五）正式上市櫃

通過證交所審查會議及證交所董事會核可後，公司即正式成為合格的上市櫃公司，正式掛牌那一天，在證交所可舉辦一場記者發布會。宣告公司正式掛牌上市櫃。

圖55-3　上市櫃過程，應注意事項

1 公司成立專案小組	2 找承銷商輔導	3 做好近三年經營績效指標
4 遵照證交所一切法規	5 進行證交所審核會簡報	6 正式上市櫃

四、上市櫃後，影響股價之因素

公司上市櫃後，其股價表現高低，主要看下列五大因素而定：

（一）公司獲利及 EPS 高低

只要公司獲利及 EPS（每股盈餘）愈高，則其股價就會愈高；反之，則愈低。

（二）看 P/E ratio（本益比）

本益比愈高，則股價也就愈高，本益比就是投資機構對此公司、此產品未來

第 55 堂　團隊要努力邁向及達成 IPO（上市櫃）

的產業前景看法如何；對此產業前景看法愈好，則其股價也就愈高。反之，則股價愈低。

（三）看公司未來成長性

公司中長期發展及成長性愈被看好，則股價就愈高；例如：電動車、晶圓半導體、5G、AI 等未來成長性都被看好。

（四）看公司在此行業中領導地位

若公司在此行業中，市占率永遠保持第一的領先／領導地位，則其股價也就愈高。

（五）看公司投入 ESG 努力程度

現在，外資的投資機構也很看重公司對 ESG（E：環保維護；S：社會關懷；G：公司治理）的重視程度；凡是公司愈努力投入 ESG 的，就被視為可以比較永續性的經營，其股價也就會比較高。

圖55-4　上市櫃後，影響股價五大因素

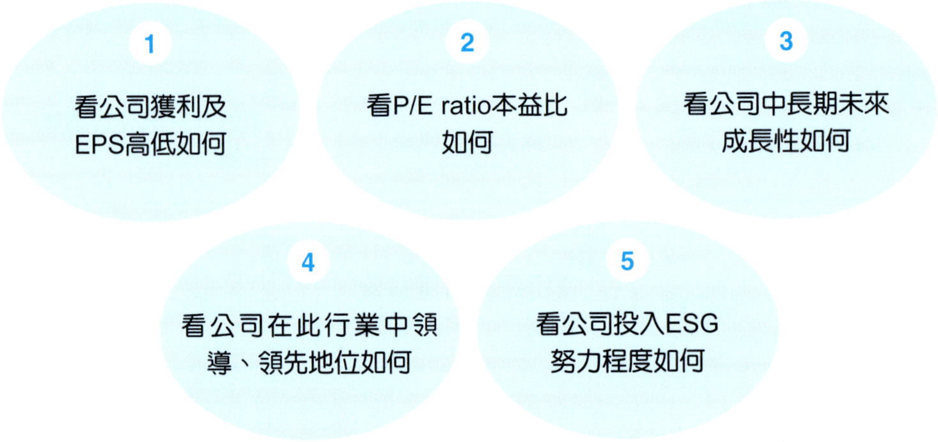

1. 看公司獲利及 EPS 高低如何
2. 看 P/E ratio 本益比如何
3. 看公司中長期未來成長性如何
4. 看公司在此行業中領導、領先地位如何
5. 看公司投入 ESG 努力程度如何

第 56 堂　團隊決策的重要性及趨勢

一、什麼是團隊決策？

所謂團隊決策（Group Decision）就是指：非老闆一人決策，也非董事長一人決策。而是指公司經營與管理上的重大決策、重大策略及重大方向，均應由公司相關的一級主管（副總經理級以上）所組成的團隊來討論、溝通及表達看法與觀點後，最後，再由董事長或總經理下最後的決策及決定。

圖56-1　如何做好工作細節

一人決策
由董事長或老闆一人獨斷、獨裁決定，大家均無討論餘地。

VS.

團隊決策
由公司一級主管所組成的團隊，共同討論及陳述，最後，再由董事長依團隊意見，做最後決定。

二、團隊決策的優點有哪些？

團隊決策是現代企業的一個主流管理趨勢，比老闆一人獨斷決策要好很多，因為團隊決策具備下列優點：

（一）避免一人決策盲點

團隊決策，能夠融合各部門一級主管意見、看法與觀點，避免一人決策的盲點及錯誤發生。

（二）使一級主管有參與決策成就感

能夠讓決策核心團隊成員表達意見及觀點，表示每個決策成員都受到公司重視，使他們有成就感及參與感。

（三）減少錯誤決策損失

一人決策一旦有錯誤，將使公司產生巨大損失，而團隊決策模式，可使決策錯誤降到最低。

（四）可以形成良好組織文化

團隊決策模式，可以避免老闆一言堂，而且可以形成良好的組織文化，大家都有機會參與公司重要決策，組織的向心力也可以提高。

(五)訓練各一級主管

團隊決策模式,可以訓練及養成各位一級主管的獨立性思考及判斷能力,有助於拉升各一級主管未來晉升更高階主管下決策之能力。

(六)儲備接班人才

從一級主管討論中,亦可以發掘哪些具有高升為總經理、執行長、董事長的優秀經營人才,加以儲備晉用。

圖56-2 團隊決策的優點

1. 可避免老闆一人決策盲點
2. 可使一級主管有參與決策之成就感
3. 可減少錯誤決策之損失
4. 可以形成良好的組織文化、提高向心力
5. 可訓練一級主管的思考力及判斷力
6. 可儲備高階接班人才

三、有哪些事,列入團隊決策?

企業究竟有哪些重要事項,可以列入團隊決策?包括下面圖示各項:

圖56-3

1. 國內重大投資建廠事宜
2. 海外重大投資建廠事宜
3. 國內外重大併購／收購事宜
4. 公司未來中長期事業發展戰略規劃
5. 未來中長期技術與研發方向評估
6. 國內現有重大營運決策事宜
7. 國內上市櫃及財務決策事宜
8. 全球化產、銷、研發、布局決策事宜
9. 各部門一、二級主管接班人事宜

第57堂　團隊要打造出「學習型」組織，團隊所有成員都要終身學習

一、為什麼要成為學習型組織？

企業為什麼要成為學習型組織呢？主要有 3 大原因：

（一）面臨競爭激烈

幾乎大部分企業都面臨激烈競爭的環境，每天都面臨很大壓力，唯有成為學習型組織，才能順利面對競爭壓力。

（二）不進則退

企業及員工只要不進步，就是退步；全體員工必須不斷學習，才會不斷向前進步。

（三）保持成長

學習型的組織，必會保持企業的營收及事業版圖能夠不斷成長及擴張，也才能拉開競爭對手的距離。

圖57-1　成為學習型組織的 3 大原因

1. 面對激烈競爭的環境及壓力	2. 企業為保持持續性成長及擴張	3. 企業營運不進則退

二、學習的內容有哪些？

學習型組織到底要學習哪些內容項目，有八大領域的知識內容，如下：

圖57-2　學習型組織的八大學習內容

1. 有關技術方面知識	2. 有關公司營運方面知識	3. 有關整個產業方面知識	4. 有關各部門功能性專業知識
5. 有關各級主管的領導知識	6. 有關行銷及業務知識	7. 有關外部環境變動及趨勢知識	8. 有關如何管理知識

三、員工學習的資料來源有哪些？

那麼員工學習的資料來源可以有哪些呢？大致如下圖示所列資料都是可以學習的：

圖57-3　員工學習的資料來源

1 商業書籍	2 商管教科書	3 財經專業雜誌
4 財經報紙	5 國內外期刊	6 各種研究報告
7 出國考察報告	8 專題演講內容	9 財經商業電視頻道

四、學習的方式有哪些？

員工學習的方式主要有下列六種：

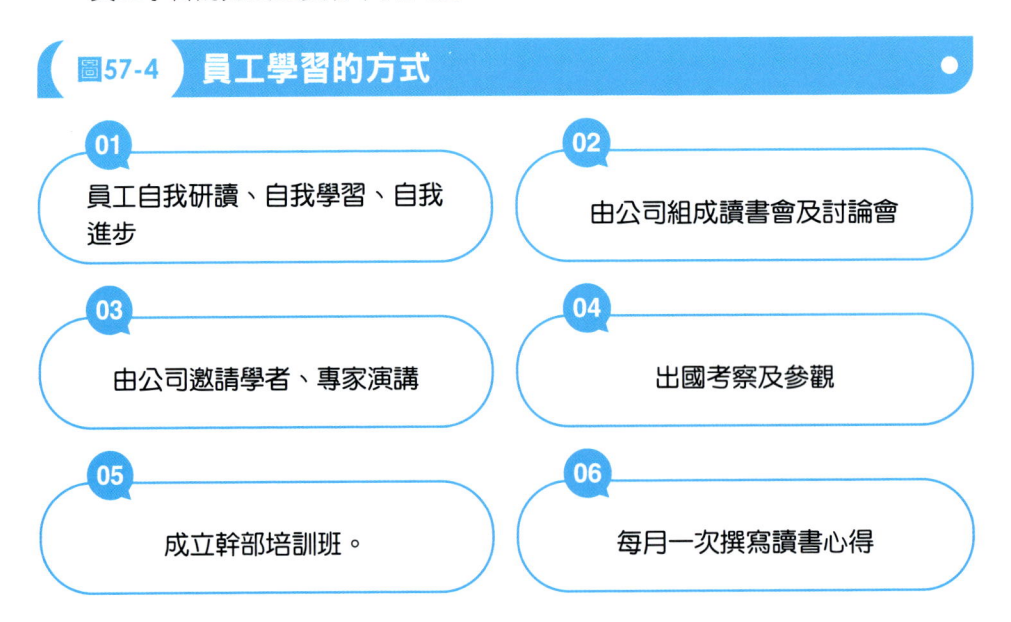

圖57-4　員工學習的方式

01 員工自我研讀、自我學習、自我進步

02 由公司組成讀書會及討論會

03 由公司邀請學者、專家演講

04 出國考察及參觀

05 成立幹部培訓班。

06 每月一次撰寫讀書心得

第二篇
如何打造高績效／高動能團隊（團隊外篇）

第 58 堂　團隊要有超前眼光

一、超前眼光的意涵

團隊各級中高階主管必須能比別人超前一步看到未來、解讀未來、抓住未來的新商機、新機會，而能創造出嶄新產品及新營收、新獲利。

圖58-1　超前眼光的意涵

1. 超前看到未來 ＋ 2. 超前解讀未來 ＋ 3. 超前抓住未來

↓

抓住未來的新機會及新商機

↓

創造出新產品、新營收及新獲利！

二、示例

圖58-2　超前眼光之案例

1. 輝達NVIDIA黃仁勳	2. 特斯拉Tesla	3. 台灣虎航	4. 王品
超前看到AI新時代來臨	超前看到電動車時代來臨	超前看到台灣低價航空公司新商機	超前眼光看到國內餐飲市場而創立28個品牌

5. 民視娘家	6. 全國Open AI公司	7. 廣達	8. 美國蘋果公司
超前眼光推出娘家保健食品新商機	超前眼光推出生成式AI服務ChatGPT	超前眼光研發AI伺服器新商機	超前眼光推出iPhone手機及iPad，而大賺錢

9. 美國Meta公司	10. 美國Google公司	11. 中國抖音	12. 美國Netflix
超前眼光推出FB／IG而大賺錢	超前眼光推出YouTube影音平台而大獲利	超前眼光推出短影音平台TikTok	超前眼光推出串流影音服務（OTT）而大賺錢

第 59 堂　團隊不要怕改變；有改變，才有機會

一、有改變，才有機會之意涵

如下圖示：

圖59-1

1. 走老路，永遠到不了新地方。

2. 不能守在傳統框框裡，看不到外面新變化，會落伍的。

3. 有改變，才會有機會。

二、示例

如下圖示：

圖59-2　有改變，才有機會之案例

例1
桌上電腦→筆電→平板電腦→電競電腦→AI電腦（AIPC）（AINB）

例2
傳統燃油車→油電混合車→電動車→自動駕駛車

例3
傳統用車→跑車→大型休旅車→豪華車

例4
傳統3G手機→4G/5G手機→折疊式手機

例5
傳統機車→時尚機車→電動機車

例6
百貨公司→大型Outlet→大型購物中心

第2篇　如何打造高績效／高動能團隊（團隊外篇）

095

第 59 堂　團隊不要怕改變；有改變，才有機會

例7
大飯店自助餐1,000元→升級2,000元→升級3,000元

例8
小型（小坪數）超商→超商大店化→超商複合店→超商特色店

例9
單店藥局→連鎖藥局

例10
雲端伺服器→AI伺服器

例11
有糖飲料→無糖飲料

例12
低價旅行團→高價旅行團

例13
《聯合報》→《聯合報》數位版

三、結語

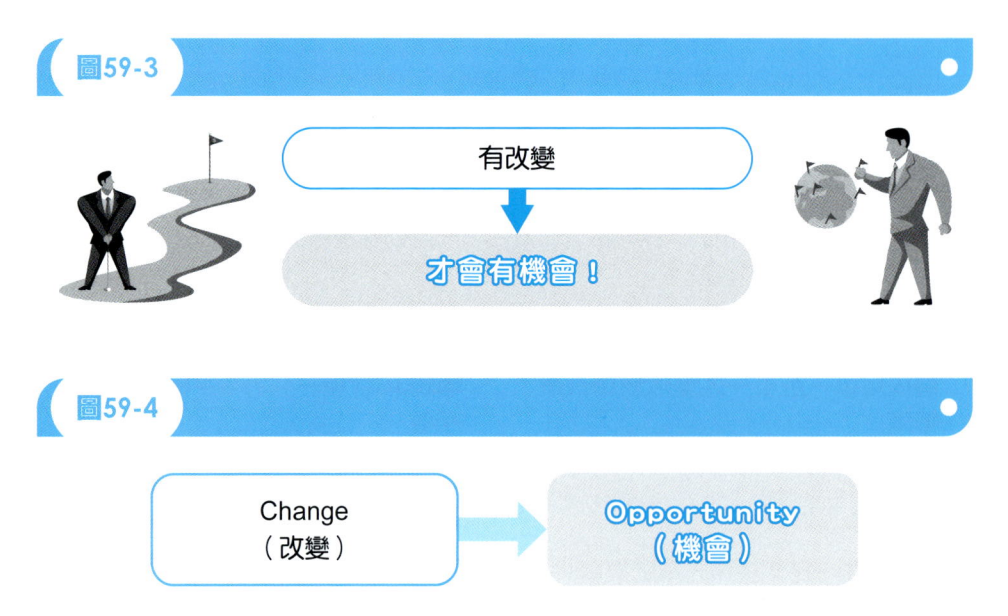

圖59-3

有改變
↓
才會有機會！

圖59-4

Change（改變）→ Opportunity（機會）

第 60 堂　團隊要能有前瞻性，且能高瞻遠矚

一、團隊高瞻遠矚成功示例

如下圖示：

圖60-1　團隊高瞻遠矚成功示例

1. 美國輝達NVIDIA	2. 廣達	3. 台積電
對AI新時代的前瞻性	對高階AI伺服器的前瞻性	對3奈米、2奈米、1奈米先進晶片成功的前瞻性

4. 全聯	5. 特斯拉Tesla、比亞迪	6. 統一企業
對全台第一名超市連鎖店的前瞻性	對電動車開拓的成功前瞻性	對統一超商轉投資成功的前瞻性

7. momo	8. 王品	9. 鴻海
富邦對momo電商轉投資成功的前瞻性	對國內推出28個餐飲品牌成功的前瞻性	對美國蘋果公司代工iPhone手機及iPad平板電腦的成功前瞻性

10. 遠東集團
轉投資遠東百貨＋SOGO百貨成功的前瞻性

第 60 堂　團隊要能有前瞻性，且能高瞻遠矚

二、前瞻產業哪些項目？

如下圖示：

圖60-2　團隊應前瞻產業哪些項目？

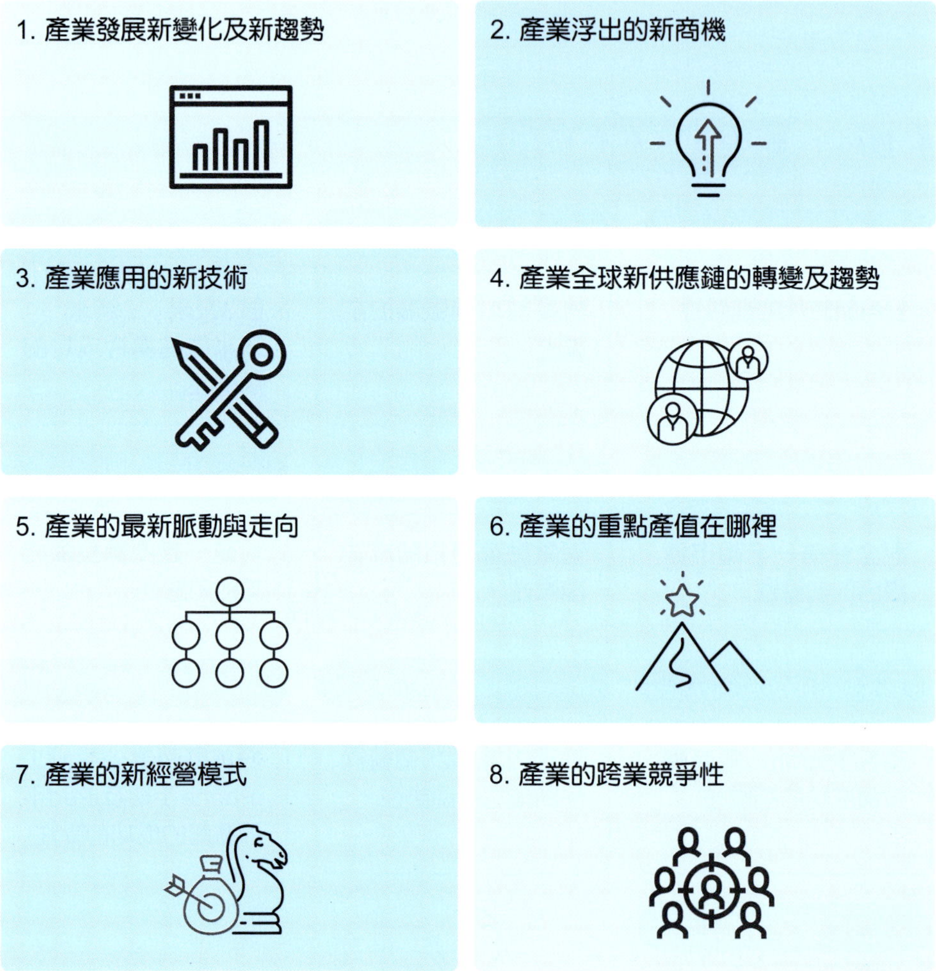

1. 產業發展新變化及新趨勢
2. 產業浮出的新商機
3. 產業應用的新技術
4. 產業全球新供應鏈的轉變及趨勢
5. 產業的最新脈動與走向
6. 產業的重點產值在哪裡
7. 產業的新經營模式
8. 產業的跨業競爭性

第 61 堂　團隊的經營方向要正確、經營策略要正確、人事安排要正確，績效才會好

一、團隊成功的 3 個正確

任何團隊要成功，必須要做到 3 個正確性，如下圖示：

圖61-1　團隊經營成功的 3 個正確性

1. 經營方向要正確
- 方向要是偏了
- 方向不正確
- 那就是白浪費、白做工。

2. 經營策略要正確
策略的評估、分析及選擇要正確，才會有效達成目標。

3. 人事安排要正確
重大任務要派出正確的人事安排，才會有快速、成功的執行力。

二、業界第一名案例

如下圖示：

圖61-2　6 個正確的第一名公司案例

例1　統一超商
大店化、鮮食產品化、加速展店化、複合店化、平價咖啡化、轉投資成功化（星巴克＋康是美＋黑貓宅急便），這些方向、策略、人事均很成功及正確。

例2　全聯超市
加速展店、併購展店、乾貨／生鮮／冷凍食品／自有品牌等方向、策略、人事均很成功及正確。

例3　momo電商
物美價廉、300多萬個品牌、1.5萬個知名品牌、全台60個物流中心、全台24小時到貨、手機購物方便、經常性促銷等方向、策略、人事均很正確及成功。

例4　寶雅
快速展店、品項多元、一站購足、大型門市店等方向、策略、人事均很正確及成功。

例5　台積電
研發第一、技術領先、製造良率高、令客戶滿意、先進晶片製造全球第一等之方向、策略及人事均極正確。

例6　王品
推出28個品牌且各種口味，以及高／中／低價位可滿足不同客群等之方向、策略、人事均正確且成功。

三、結語

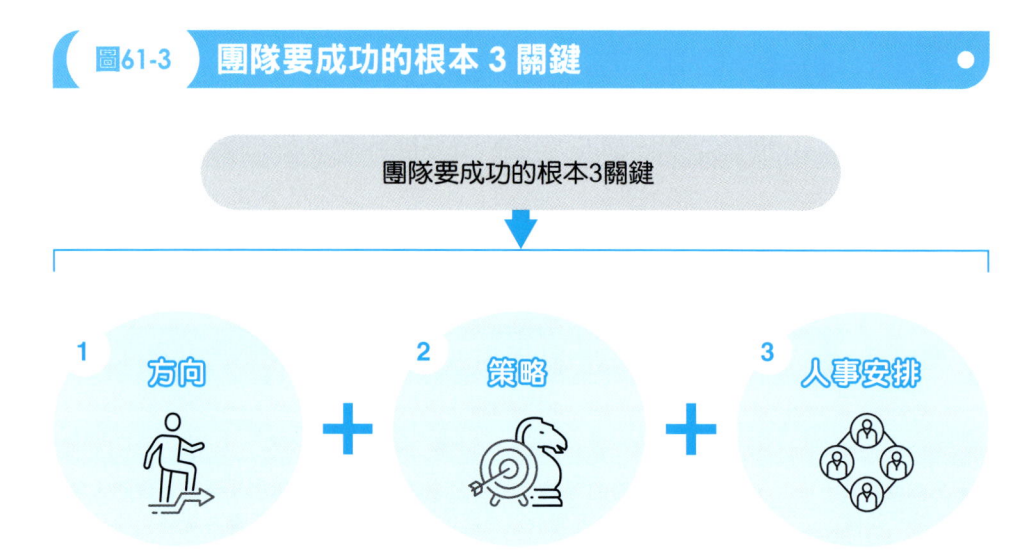

圖61-3　團隊要成功的根本 3 關鍵

團隊要成功的根本3關鍵

1. 方向
2. 策略
3. 人事安排

第 62 堂　團隊經營的最高級，就是要能「創造需求」及「引領風潮」，才能增加營收及獲利

一、創造需求示例

如下圖示：

圖62-1　團隊創造需求示例

1. 美國蘋果iPhone智慧型手機
2. 星巴克咖啡館
3. 超商：
   (1) CITY CAFE平價咖啡
   (2) 夯地瓜
   (3) 霜淇淋
   (4) ATM機
   (5) 鮮食便當
4. 美國Netflix串流影音平台（OTT TV）
5. 台灣高鐵
6. 手機LINE功能
7. FB/IG/YT社群平台
8. KOL/KOC網紅行銷
9. 電動車
10. 油電混合車
11. 大型休旅車
12. 日本高級、高價鐵路旅遊
13. 海上大型郵輪旅行
14. 雄獅高價旅遊團
15. 王品28個餐飲品牌
16. 連鎖藥局
17. 寶雅美妝店
18. 全聯超市
19. 台灣好市多Costco美式大賣場
20. 三井Outlet
21. 三井lalaport購物中心
22. 新店裕隆城
23. TVBS新聞台
24. 民視娘家保健食品
25. TikTok短影音平台
26. Google搜尋
27. 生成式AI：ChatGPT
28. 輝達AI晶片應用
29. World Gym運動中心
30. 麥當勞
31. 鼎泰豐湯包

二、如何做到？

圖62-2　如何做到「創造需求」及「引領風潮」？

1. 成立「專責小組」全力以赴。

2. 企業文化建立不斷推陳出新的能力及挑戰性。

3. 關注外在環境及社會脈動的變化、改變及趨勢。

4. 公司重賞獎勵創造需求成功的個人及小組或部門成員。重賞之下，必有勇夫。

第63堂　團隊應勇於挑戰更高、更遠的業績目標及經營目標

一、挑戰目標示例

〈例1〉統一超商（7-11）
- 展店挑戰：

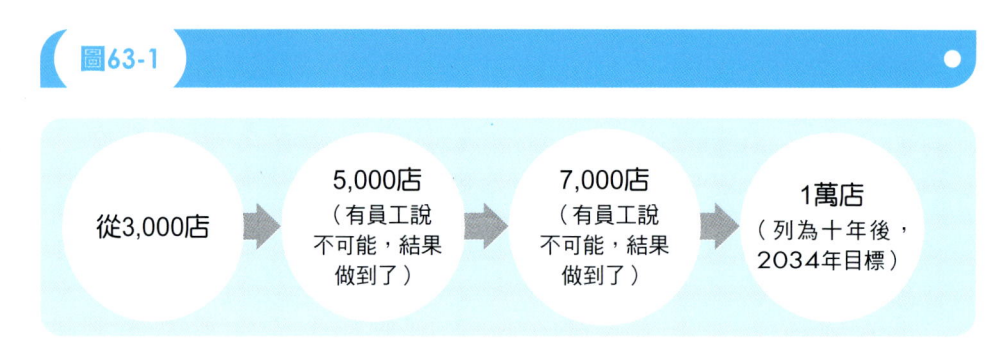

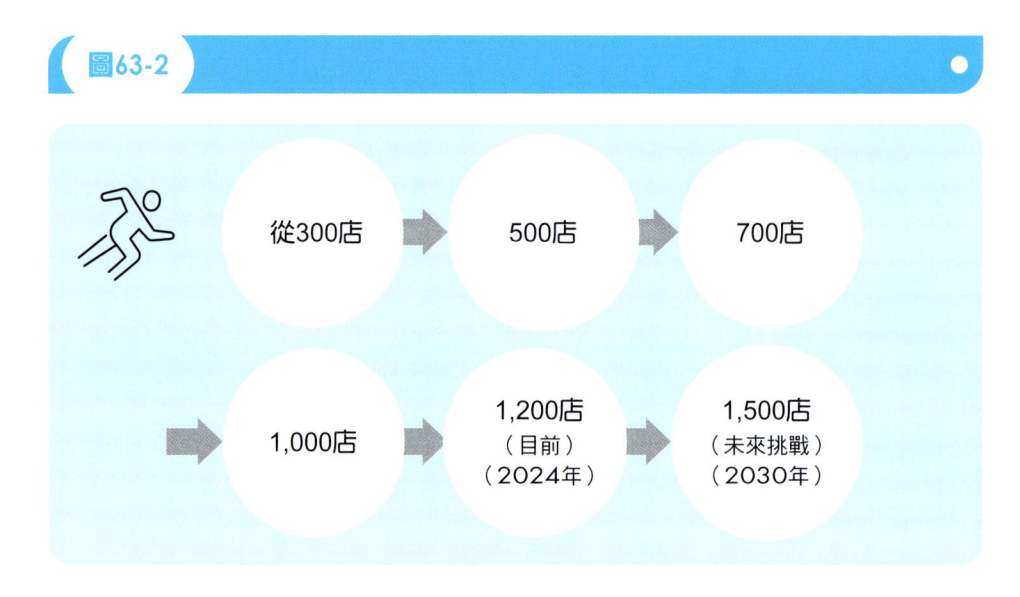

圖63-1

從3,000店 ➡ 5,000店（有員工說不可能，結果做到了）➡ 7,000店（有員工說不可能，結果做到了）➡ 1萬店（列為十年後，2034年目標）

〈例2〉全聯超市
- 展店挑戰

圖63-2

從300店 ➡ 500店 ➡ 700店 ➡ 1,000店 ➡ 1,200店（目前）（2024年）➡ 1,500店（未來挑戰）（2030年）

〈例3〉momo 電商

- 挑戰營收額：

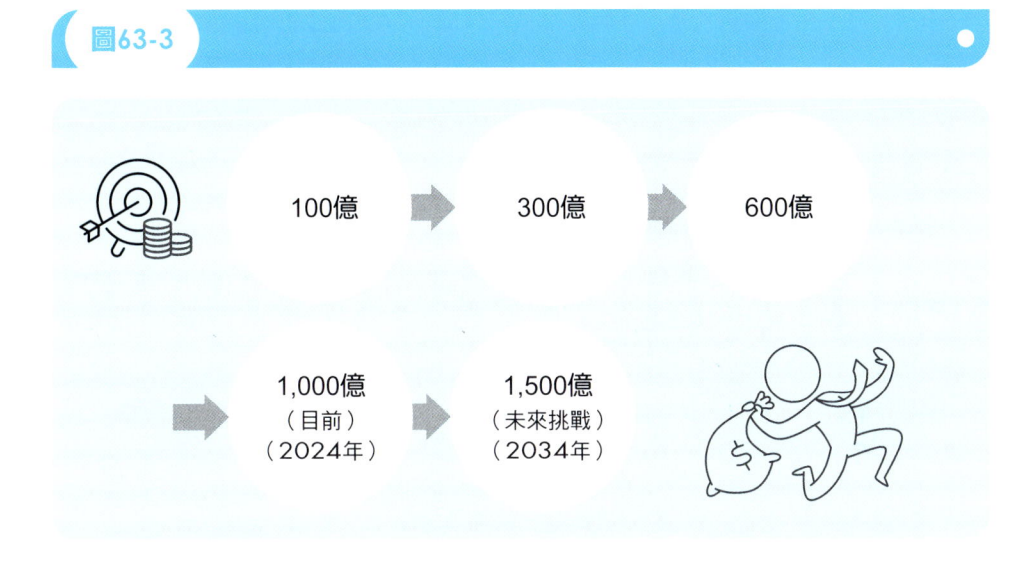

圖 63-3

100億 ➡ 300億 ➡ 600億

➡ 1,000億（目前）（2024年）➡ 1,500億（未來挑戰）（2034年）

二、更高、更遠的經營目標項目

如下圖示：

圖 63-4　團隊對更高、更遠的經營目標項目

1 業績目標（年營收目標）	2 展店數目標	3 年獲利目標
4 年EPS目標	5 年股息發放目標	6 旗下子公司IPO目標
7 成為集團化目標	8 全球化布局目標	9 產銷一條龍目標
10 事業多角化目標	11 新事業開拓目標	12 新品牌目標
13 新產品上市成功目標	14 產品組合優化目標	15 製造良率目標

第 64 堂　團隊要能：精準、正確、敏捷、快速、機動的抓住任何新商機的浮現

一、示例

過去以來，商機浮現的案例，如下圖示：

圖 64-1　新商機浮現的案例

1　AI新商機	2　電動車新商機	3　國外旅遊新商機
4　各式各樣餐飲新商機	5　老年化／高齡化新商機	6　連鎖超商新商機
7　連鎖超市新商機	8　連鎖藥局新商機	9　寶雅模式新商機
10　小巨蛋、大巨蛋演唱會、展演會新商機	11　OTT TV新商機	12　podcast新商機
13　超商大型化新商機	14　超商咖啡、霜淇淋新商機	15　地區診所新商機
16　保健食品新商機	17　大型購物中心新商機	18　有機、生機產品新商機
19　美食外送／快送新商機	20　手搖飲店新商機	21　平價化精品新商機

二、團隊抓住浮現新商機的五大要求

如下圖示：

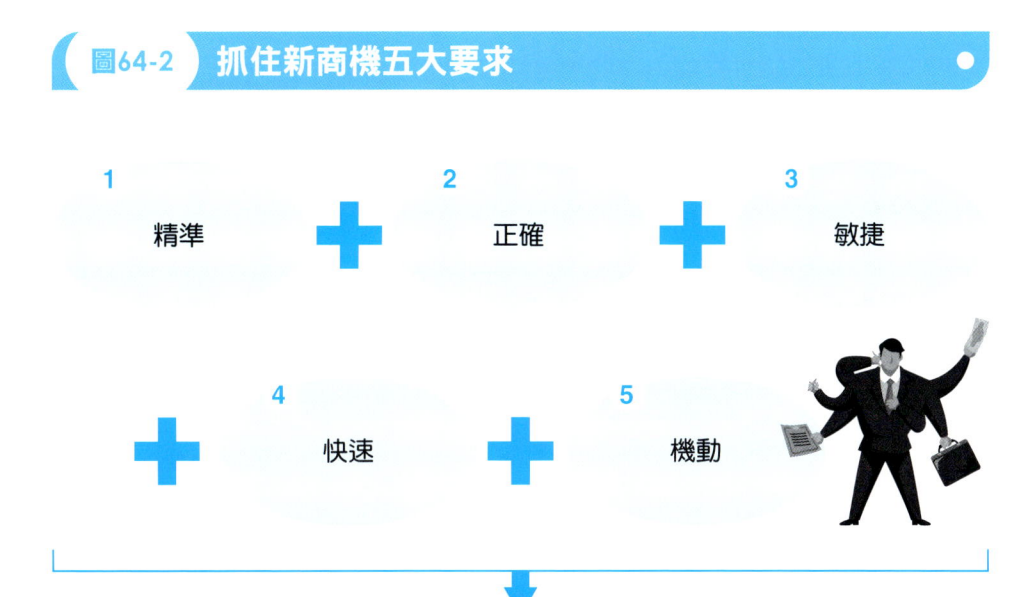

圖64-2　抓住新商機五大要求

1. 精準 ＋ 2. 正確 ＋ 3. 敏捷
＋ 4. 快速 ＋ 5. 機動

→ 有效抓住市場新浮現新商機！

第 65 堂　團隊要能不斷擴大公司或集團的經營規模及事業版圖，才能永續經營下去

一、4 種企業規模

如下圖示：

圖65-1　4 種企業規模

1. 小型企業	→	2. 中型企業	→	3. 大型企業	→	4. 集團型企業
20～100人		1,000人～3,000人		3,000人～1萬人		1萬人～10萬

企業要永續經營，必須努力、勤奮的朝大型企業及集團型企業邁進

二、企業規模愈大型的 6 大好處

如下圖示：

106　超圖解打造高動能／高績效團隊：關鍵88堂課

圖65-2　企業規模愈大型的 6 大好處

1　永續經營
- 能更加鞏固公司或集團的長期性及永續性經營，超越百年經營。

2　留住好人才
- 企業規模愈大，愈能留住優秀好人才，形成良性循環。

3　晉升舞台
- 企業規模愈大，可使優秀員工有更多晉升舞台，而留在公司。

4　產生綜效
- 企業規模愈大，可產生集團事業群之間 1＋1 ＞2 的綜效。

5　擴大企業總市值
- 企業或集團規模愈大，可持續擴增總營收、總獲利及企業總市值。

6　吸引好人才
- 企業規模愈大，可吸引各類型、各專長、各領域的優秀人才進來，使集團更壯大。

第 66 堂　團隊要能宏圖大展的「立足台灣，布局全球」

一、台商布局全球的 4 種型態

如下圖示：

圖66-1　台商布局全球 4 種型態

1. 在海外設立生產據點
2. 在海外設立業務行銷據點
3. 在海外設立研發中心
4. 以上三種兼具，都有設立

- 走向國際化、全球化
- 使企業規模及實力更加壯大！

二、示例

如下圖示：

圖66-2　台積電：布局全球

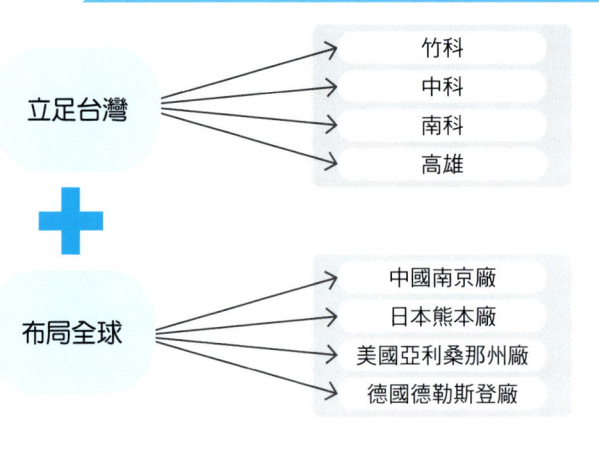

立足台灣
- 竹科
- 中科
- 南科
- 高雄

＋

布局全球
- 中國南京廠
- 日本熊本廠
- 美國亞利桑那州廠
- 德國德勒斯登廠

三、台商布局全球大都是 OEM/ODM 代工廠

台商布局全球的電子代工業最多，像鴻海、仁寶、廣達、英業達、和碩、宏碁 acer、華碩 ASUS、緯創……等均屬之，它們大都在海外設立 OEM/ODM 代工廠居多。而其海外據點，大致分布在：

（一）中國（早期）

（二）東南亞（近期）：越南、泰國、印尼、馬來西亞

（三）印度（近期）

（四）墨西哥（近期）

（五）美國（近期）

（六）歐洲（近期）

第 67 堂　團隊要有能力「快速」應對外在環境的變化

一、團隊會面對哪些外在環境的變化？

如下圖示：

圖 67-1　團隊會面對哪些外在環境的變化

1　國內外經濟景氣變化	2　國內外競爭對手激烈競爭變化	3　國內外通膨、物價上漲的變化
4　國內外升息變化	5　國內外匯率變化	6　國內外供應鏈變化
7　國內外原物料上漲變化	8　國內民眾消費力變化	9　國外地緣政治與戰爭變化
10　國內外法規變化	11　國內外科技變化	12　中美兩大國的對抗變化
13　台海兩岸政治變化	14　國外市場需求與庫存變化	15　國外客戶訂單變化
16　各國經濟發展變化	17　國內外銷售通路變化	18　國外投資工廠的國家變化

二、團隊沒快速應對好，會怎樣？

團隊如果不能快速應對好外在環境變化，將會有不利影響，如下圖示：

圖67-2 團隊沒快速應對好環境變化，將有不利點

1. 營收額下滑
2. 獲利額下滑
3. 市佔率下滑
4. 大客戶流失
5. 經營成本上漲
6. 導致虧損
7. 產業地位下滑
8. 新商機流失、被對手搶走
9. 企業競爭力衰退
10. 股價嚴重下滑

三、成立「環境應變小組」

團隊必須成立「環境應變小組」，由專責人員負責每月提報一次國內外經營大環境的有利與不利變化及分析，並提出因應對策建議及討論、下決策。

圖67-3

平時，就應成立：「環境應變小組」
↓
專人負責、每月提報／討論／下決策

四、團隊應對外在大環境變化的大原則

如下圖示：

圖67-4 團隊應對外在大環境變化大原則

1. 高瞻遠矚原則
2. 眼光長遠原則
3. 提前預備原則
4. 快速應變原則
5. 敏銳性原則
6. 常保警覺性原則

第 68 堂　團隊事業成長、營收增加，以及版圖擴張的兩大方向

一、團隊事業成長 2 大方向

如下圖示：

圖68-1　團隊事業成長的 2 大方向

1. 持續深耕既有事業
 ＋
2. 開拓新事業、新領域

↓

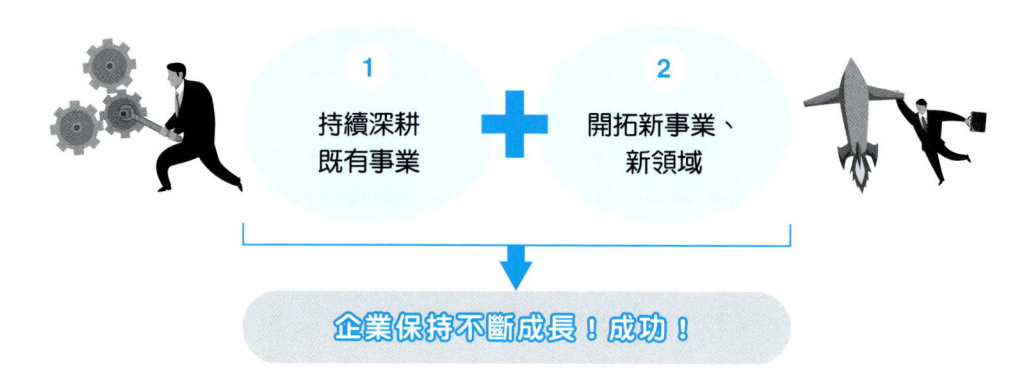

企業保持不斷成長！成功！

二、深耕既有事業案例

如下圖示：

圖68-2　持續深耕既有事業案例

1. 王品餐飲	2. 瓦城餐飲	3. 華航／長榮	4. 全聯超市
5. 大樹連鎖藥局	6. SOGO百貨	7. 新光三越百貨	8. 寶雅連鎖店
9. 鼎泰豐餐飲	10. 桂格	11. 好來牙膏	12. 舒潔衛生紙
13. 玉山金控	14. 特斯拉電動車	15. 台積電	16. 聯發科
17. 大立光			

三、深耕既有事業＋開拓新事業兩者兼具

圖示如下：

圖68-3 深耕既有事業＋開拓新事業兩者兼具之案例

1 統一企業＋統一超商＋星巴克＋康是美

2 富邦金控＋台哥大＋momo電商＋有線電視

3 遠東百貨＋SOGO百貨＋新竹巨城購物中心

4 LV精品集團（20多個品牌）

5 鴻海集團（iPhone代工、AI伺服器……）

6 和泰汽車集團（賣車、車子貸款、車子保險）

7 民視（無線台、有線台、娘家保健品）

8 宏碁集團（旗下十家上市櫃公司）

9 金仁寶科技集團（4家上市櫃公司）

第 69 堂　團隊必須迎合時代要求，確實做好：CSR ＋ ESG

一、何謂 CSR？

所謂 CSR（Corporate Social Responsibility），就是指：大企業必須善盡它對社會的企業責任。因為本著「取之於社會，用之於社會」，故大企業、上市櫃企業，必須多多努力回饋社會，包括：贊助弱勢族群、贊助運動選手、做好環保工作……等工作，才可以被視為是優良的、印象好的、負責任的企業，也才會受到社會大眾的肯定及支持；企業也才能百年經營。

二、何謂 ESG？

「ESG」是近幾年已在全球興起的，對上市櫃公司及對某些行業的要求；ESG 即如下圖示：

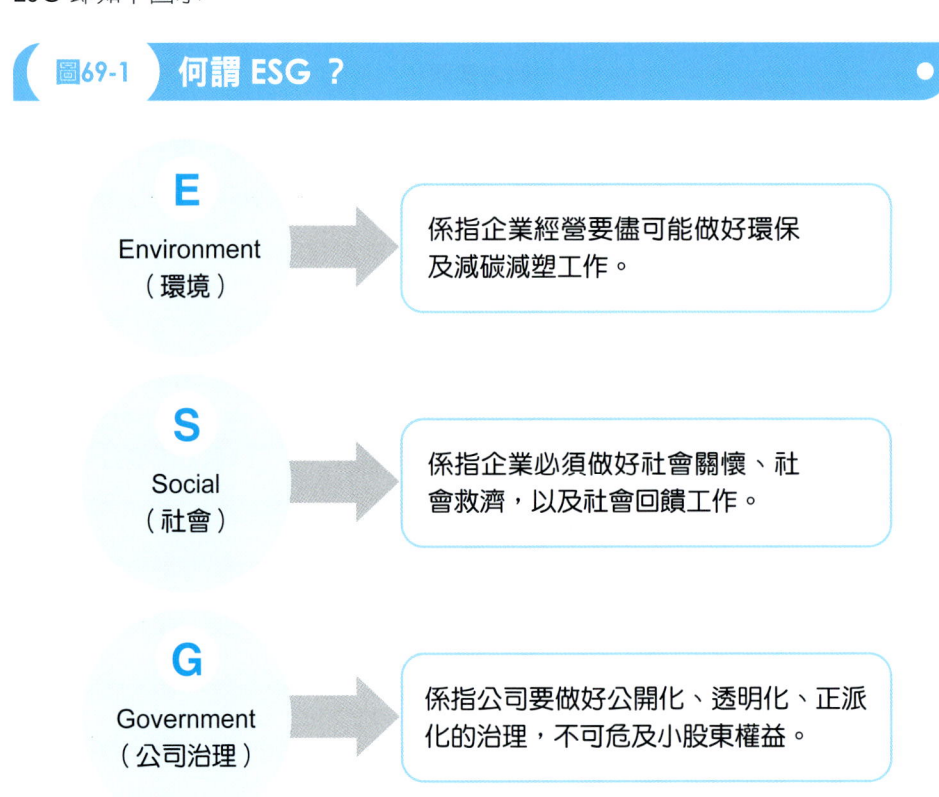

圖69-1　何謂 ESG？

E Environment（環境）→ 係指企業經營要儘可能做好環保及減碳減塑工作。

S Social（社會）→ 係指企業必須做好社會關懷、社會救濟，以及社會回饋工作。

G Government（公司治理）→ 係指公司要做好公開化、透明化、正派化的治理，不可危及小股東權益。

三、EPS ＋ ESG 兩者兼具發展、並重

如下圖示：

圖69-2　EPS ＋ ESG 兩者兼具發展、並重

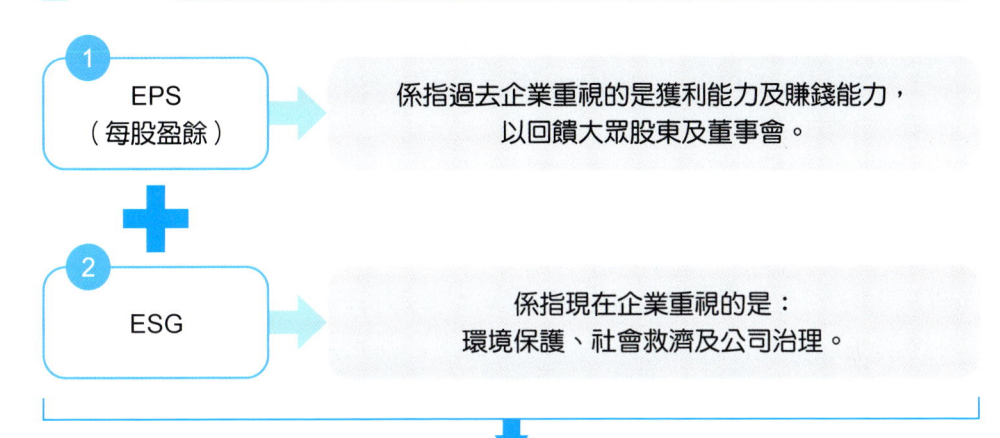

1. EPS（每股盈餘）→ 係指過去企業重視的是獲利能力及賺錢能力，以回饋大眾股東及董事會。

＋

2. ESG → 係指現在企業重視的是：環境保護、社會救濟及公司治理。

↓

才是最佳、最棒的企業

第 70 堂　團隊成功經營九字訣：求新、求變、求快、求更好！

一、求新、求變、求快、求更好的意涵

企業在競爭大環境中，要勝過競爭對手，一定要秉持著九字訣，即求新、求變、求快、求更好。

（一）求新：更創新、更革新、更升級。
（二）求變：更變革、更多變化、更多改良、更加變型。
（三）求快：更加快速、更有效率、更加快捷。
（四）求更好：好，還要更好；更好的追求，是永無止境的。

圖70-1　求新、求變、求快、求更好

| 1 求新 | ＋ | 2 求變 | ＋ | 3 求快 | ＋ | 3 求更好 |

- 企業總體競爭力就會產生
- 企業必勝過競爭對手

二、求新、求變、求快、求更好的面向

企業在求新、求變、求快、求更好的面向，主要有十六個面向，如下圖示：

圖70-2 求新、求變、求快、求更好的面向

1 既有產品改良	2 新產品開發	3 售後服務	4 包裝改良
5 設計改良	6 功能改良	7 品質改良	8 滿足顧客需求
9 商品陳列	10 門市店改裝	11 百貨公司改裝	12 廣告宣傳改良
13 人員銷售團隊改良	14 製造／生產良率改良	15 重大決策速度	16 策略、方向、作法改變

三、求新、求變、求快、求更好的示例

茲列舉各行各業第一品牌在求新、求變、求快、求更好的示例如下：

（一）全聯：超市業第一名，快速展店為其特色。
（二）7-11：便利商店第一名，不斷求新、求變、求更好為其特色。
（三）星巴克：店內喝咖啡第一名，不斷求更好為其特色。
（四）CITY CAFE：帶著走咖啡第一名，求快為其特色。
（五）和泰汽車：代理TOYOTA銷售第一名，求新、求變為其特色。
（六）好來牙膏：牙膏銷售第一名，求更好為其特色。
（七）中華電信：電信服務業第一名，求更好為其特色。
（八）家樂福：量販店第一名，求新、求變為其特色。
（九）momo：網購業第一名，求更好為其特色。
（十）三陽：機車業第一名，求新、求變為其特色。
（十一）有線電視業：三立電視台第一名，求更好為其特色。
（十二）新光三越：百貨公司業第一名，求新、求變為其特色。
（十三）台積電：晶片半導體業第一名，求新、求更好為其特色。
（十四）鴻海：手機代工業第一名，求快、求更好為其特色。
（十五）統一企業：食品／飲料業第一名，求新、求變為其特色。

圖70-3 求新、求變、求快、求更好示例

1. 全聯	2. 7-11	3. 星巴克	4. CITY CAFE
5. 和泰汽車	6. 好來牙膏	7. 中華電信	8. 家樂福
9. 鼎泰豐餐飲	10. 桂格	11. 好來牙膏	12. 舒潔衛生紙
13. 台積電	14. 鴻海	15.統一企業	

四、如何貫徹求新、求變、求快、求更好的要件

企業如何貫徹求新、求變、求快、求更好的四項要件，如下：
（一）要變成全體員工的企業文化、組織文化的重要認知與共識
（二）要變成全員行動力與執行力的九字訣
（三）要變成新進員工教育訓練的重點之一
（四）要變成全員年終績效考核的要項之一
（五）要在公司各種會議中，不斷強調、重覆強調

圖70-4 求新、求變、求快、求更好

1 要在公司會議中，不斷強調

2 要形成組織文化、企業文化的象徵

3 要變成全員行動力的根本指導

4 要變成新進員工教育訓練重點

5 要變成員工年終考核要項之一

第三篇
團隊的問題解決篇

第 71 堂　團隊經營為什麼會「發生問題」

一、團隊經營為什麼會發生問題

團隊經營多多少少總會發生各式各樣的問題。優質好企業，發生的問題就會少些；比較差的企業，發生的問題就會多些。總結我的多年實務經驗顯示，企業經營會出現、發生各種問題的兩大面向因素及細項因素，如下述：

（一）公司內部自己的 11 個因素

很多問題的產生，大都是由於公司內部自己經營不善所產生的問題，包括有：

1. 制度有問題：沒有制度、制度不好或制度跟不上時代演變及企業本身變化，這時候，企業各種問題就會產生。
2. 人才有問題：公司缺乏優質好人才、缺乏穩固資深人才、缺乏高素質人才、缺乏人才的向心力、缺乏肯幹實幹勤勞好人才，這樣公司也會發生問題。
3. 製造設備有問題：公司的製造設備、研發設備、實驗設備都太老舊了，不夠自動化、不夠 AI 智能化、不夠先進化；設備若有問題，就製造不出優質好產品出來，這就產生了很多問題。例如：顧客／客戶不買單、市場競爭力不足等。
4. 高階領導層有問題：團隊有時候發生問題不只是基層有問題，甚至高階領導層也會有問題。包括：董事會、董事長、總經理、執行長、營運長等高階人員的眼光、視野、策略、前瞻性、決策性等各種能力，也都會出現問題的可能性。
5. 基層管理層出問題：在各部門的基層管理、基層幹部，也都會有出現問題的狀況。
6. 公司規模太小的問題：剛創業的公司或一般性中小企業，由於規模太小，未形成好的規模化經濟效益，因此，自然也都會出現各種問題。
7. 決策流程及決策文化出問題：有時候，公司重大決策流程及決策文化不夠縝密、不夠思考、不夠嚴謹，致使錯誤決策後，發生一連串的各種不利問題與不利後果。
8. 危機意識出問題：當公司連年經營大好時，公司的高階、中階、基層主管就自大、驕傲、鬆懈起來，接著就缺乏危機意識，終於導致後續經營逐漸衰退而仍不自覺。

9. 企業文化／組織文化出問題：每個企業都有好的與壞的企業文化及組織文化，當不好的企業文化及組織文化擴及全體員工時，自然就會使公司面臨各種不利的問題產生。
10. 不知轉型出問題：團隊長期經營，必然會面對各種產業結構挑戰、客戶挑戰、市場挑戰、競爭對手挑戰、產品革新換代挑戰、經濟景氣挑戰、技術升級挑戰等。此時，企業必須儘快轉型才行，若不知轉型或轉型太慢，企業必然出現各種不利大問題產生。
11. 企業策略方向出問題：團隊各種經營策略及營運策略的正確方向及正確選擇，都會影響公司的有利發展；一旦，企業重大策略方向及選擇錯誤、不對，就必然導致公司發展出現各種不利大問題。

（二）外部大環境變化的 11 個因素

外部大環境不利變化，也會使團隊經營面臨各種不利問題的產生；比如說最近幾年的烏俄戰爭、通貨膨脹、升息、高房價、低薪、缺水、缺電、中美兩大國貿易戰／科技戰／競爭對立，海峽兩岸政軍變化、全球地緣政治、台商／外商逃離中國、印度／東南亞供應鏈崛起、出口業衰退、台積電海外設廠、全球 3 年新冠疫情……等，都會大大影響任何企業的諸多不利問題點的產生。總之，歸納來看，外部大環境變化可包括以下 11 點：

1. 國內外經濟／貿易／金融／投資的變化因素。
2. 國內外全球產業供應鏈變化因素。
3. 國內外市場景氣／消費力變化因素。
4. 國內外科技變化因素。
5. 國內外社會／文化／人口變化因素。
6. 國內外法規變化因素。
7. 國內外大客戶變化因素。
8. 國內外競爭對手變化因素。
9. 國內外勞動力變化因素。
10. 國內外通膨、升息、匯率變化因素。
11. 國內外地緣政治變化因素。

第 71 堂 團隊經營為什麼會「發生問題」

圖71-1 團隊出現各種不利問題的 11 種「自身內部因素」

1 制度出問題	**2** 人才出問題	**3** 設備出問題
4 高階領導層有問題	**5** 基層管理層有問題	**6** 公司規模太小的問題
7 決策流程及決策文化出問題	**8** 危機意識出問題	**9** 企業文化／組織文化出問題
10 不知轉型出問題	**11** 企業策略方向出問題	

↓

致使團隊經營及營運不斷冒出各種不利的大問題及小問題

圖71-2　國內外大環境 11 大變化因素對團隊問題的產生

1. 國內外經濟、貿易、金融、投資的變化因素
2. 國內外全球產業供應鏈變化因素
3. 國內外市場景氣／消費力變化因素
4. 國內外科技變化因素
5. 國內外社會／文化／人口變化因素
6. 國內外法規變化因素
7. 國內外大客戶變化因素
8. 國內外競爭對手變化因素
9. 國內外勞動力變化因素
10. 國內外通膨、升息、匯率變化因素
11. 國內外地緣政治變化因素

→ 對企業經營不利問題的產生，影響很大！

圖71-3　團隊經營發生不利問題的兩大面向因素

01 公司自己內部各項不好因素

＋

02 外部大環境的變化、趨勢、改變的不好因素

↓

導致公司面對各項不利大問題與小問題的產生

企業要思考及提前準備做好上述兩大類因素的應對與改良措施

公司才會不斷進步、領先及成長！

第 72 堂　團隊經營發生問題的各部門 18 個面向歸納

那麼，團隊在長期經營過程中，如果從公司各個功能部門來看，可以歸納出 18 個面向問題，如下：

1. 經營策略出問題
2. 組織結構出問題
3. 人力資源出問題
4. 造／生產線出問題
5. 採購出問題
6. 品管出問題
7. 物流配送出問題
8. 營業／客戶出問題
9. IT 資訊出問題
10. 財務出問題
11. IP 智產權出問題
12. 研發／技術出問題
13. 海外布局出問題
14. 稽核管制出問題
15. 售後服務出問題
16. 通路上架出問題
17. 品牌力／行銷力出問題
18. 會員經營出問題

圖72-1　團隊經營發生問題的各部門 18 個面向歸納

1	經營策略出問題	10	財務出問題
2	組織結構出問題	11	IP智產權出問題
3	人力資源出問題	12	研發／技術出問題
4	製造／生產線出問題	13	海外布局出問題
5	採購出問題	14	稽核管制出問題
6	品管出問題	15	售後服務出問題
7	物流配送出問題	16	通路上架出問題
8	經營策略出問題	17	品牌力／行銷力出問題
9	IT資訊出問題	18	會員經營出問題

第 73 堂　團隊經營有效降低／減少不利問題發生的九個重要方向與觀念建立

具體來說，在實務上，團隊經營到底要如何才能有效的降低／減少各種不利問題產生，計有 9 個重要方向與觀念建立如下：

一、第一優先：先解決優秀人才團隊不足問題

優秀人才團隊的建立，是企業經營的最核心根本。沒有好人才，就不會有好公司。所以，要趕快解決：人力數量不足、人才素質不足、人才經驗不足、人才遠見不足、人才向心力不足、跨業人才不足、多樣化人才不足、高階研發人才不足等各項人才問題，才能有效預防不利問題的潛在發生。

二、解決設備問題

引進、購買最先進、自動化、AI 智能化的一流製造／研發／實驗／品管設備，此即「工欲善其事，必先利其器」之意。

三、解決研發／技術問題

高科技公司的長進命脈，都在先進研發／技術問題上，一定要保持領先技術及尖端研發的能力與競爭力。

四、建立與時俱進的好制度、好規章、好辦法

公司要長進、永續、穩定、擴大化經營，就要仰賴有好的、合宜的、進步的各式制度、規章、辦法、要求、KPI 值等。做好這些，自然就會大大減少各種不利問題產生。

五、提高對員工各種薪資、獎金、福利的激勵／獎勵措施

全體員工有了好的、高的、滿意的各種薪資、年終獎金、紅利獎金、績效獎金、及福利之後，自然對公司滿意度會提高，離職率就會下降，也會更珍惜這個工作，也會貢獻更多給公司，公司發生各種問題的機率就會下降很多。

例如：台灣最有名的台積電高科技公司，計有 6 萬名員工，平均每個人每年的分紅獎金高達 180 萬元，合計每個人每年的年薪高達 300 萬元之高。注意，這 300 萬元年薪幾乎是傳統產業及服務業副總級的年薪。請問：台積電員工誰會輕易離職呢？誰會不努力工作保住職位呢？

第 73 堂　團隊經營有效降低／減少不利問題發生的九個重要方向與觀念建立

六、強化各項重大決策流程的嚴謹度、精準度，減少失敗決策

企業有很多不利問題的產生，都是由於各項重大決策產生錯誤。因此，如何強化、精進及改良各種重大決策的流程、決策人員、決策討論會議、決策模式建立等，就成為重要之事。

七、打造快速／敏捷面對問題及解決問題的企業文化與組織文化

企業必須建立出，當面對各種不利問題出現時，各部門及跨部門合作，都能快速的／敏捷的／機動的面對問題、分析問題及解決問題的組織文化，也是很重要的。

八、預先做好各項可能問題發生的事前防範計劃及措施

優質好公司、大公司，都會要求各部門預先做好，當各項可能問題發生時的事前防範計劃與措施。能做到這樣，即使當不利問題出現時，也能很快的、很從容的加以解決，而不會措手不及、緩慢因應、不知因應。

九、具備高瞻遠矚及超前布局的長期眼光及思維

公司中高階主管及老闆們，更應該具備專業發展前程的高瞻遠矚及超前布局的長期性眼光及思維，才能避掉屬於長期性、結構性的不利大問題產生，而大大影響公司的長遠發展與永續經營。

圖73-1　團隊有效降低／減少不利大問題發生的 9 個重要方向與觀念建立

1. 第一優先：先解決優秀人才團隊不足問題
2. 解決設備能力不足問題
3. 解決研發／技術問題
4. 建立與時俱進的好制度、好規章、好辦法
5. 提高對員工各種薪資、獎金、福利的激勵／獎勵措施
6. 強化各項重大決策流程的嚴謹度、精準度，減少失敗決策
7. 打造快速／敏捷面對問題及解決問題的企業文化與組織文化
8. 預先做好各項可能問題發生的事前防範計劃及措施
9. 具備高瞻遠矚及超前布局的長期眼光及思維

→ 可大大降低／減少企業各項大、小不利問題的產生影響！

第 74 堂　團隊經營面對不利問題發生時的十個決策管理事項與思維

團隊經營在面對各種不利問題發生時，應具備以下十項「決策管理」的事項與思維，如下述：

一、提前預防
「提前預防」是決策管理的第一項思維，能夠將企業問題在事前加以預防及阻止是上上決策。

二、定期偵測
由於企業受到外部大環境變化很大的不利影響，因此，必須組成專職偵測小組，做好定期偵測報告的提出及討論，就可以預先偵測到未來可能不利問題的產生。

三、組成決策小組
面對企業各部門大、小問題時，首要組成最佳的「決策小組」，包括哪些部門、哪些單位、哪些人員、哪些主管，必須納入才算完整、無缺漏。

四、決策流程與決策討論
有關決策會議的流程及決策討論，都必須有完善的機制執行，才會有「最好決策」的產生。

五、大問題／大決策要嚴謹
企業面對不利的大問題及大決策時，要秉持高度的嚴謹性，不應隨意、輕浮的做出決策來，這會大大誤了公司前途的。

六、小問題／小決策要快速、機動
至於各單位平常的發生小問題及小決策，就可以快速的、機動的、敏捷的、彈性的加以有效解決。

七、決策事項優先性／重要性評估
對問題解決的思考，要考量到問題的「優先性」及「重要性」。對公司日常營運愈具優先性及重要性的，就要加快尋求解決才行。有些比較不急的問題，就可以留在以後慢慢思考解決。

八、決策後，要定期查核

下了決策後，對負責執行的單位及人員，一定要定期派人加以考核、查核，以了解解決問題的進度及有效性。

九、問題解決後，思考以後如何避免

問題得到解決後，必須思考未來如何一勞永逸、不再重覆產生的作法，讓問題得到真正的、長遠性的解決。

十、決策，沒有終點

最後，企業必須認知到，任何下決策是沒有終點的。因為企業外部大環境永遠的／每天的，都在變化、浮動中，企業只要存活一天，就會受到不利的影響，而使問題點會不斷有新的出現。所以企業的每次下決策，必須認知到：決策，是沒有終點的。

圖74-1　團隊面對不利問題發生時的 10 項「決策管理」事項與思維

1. 要提前預防	6. 小問題／小決策要快速、機動
2. 要定期偵測	7. 對策策事項優先性／重要性要評估
3. 要組成決策小組	8. 決策後，要定期查核
4. 建立決策流程與決策討論	9. 問題解決後，要思考以後如何避免
5. 大問題／大決策要嚴謹	10. 決策，沒有終點

↓

真正落實做好對問題解決的決策管理事項與思維！

第 75 堂　最終決策者在做出最後決策指示時，應注意九點事項

面對公司發生問題時，如何解決的決策者，在做出最後決策指示時，不管是在會議上或非會議上下達最終決策時，必須完整的思考到九點事項，才比較確保下決策的正確性，並保證能夠真正解決公司的問題點，如下：

一、資訊、數據完整搜集

最終決策者（包括可能是：董事長、總經理、執行長、各部門副總經理、各工廠廠長或是其他中階／基層主管），在決策討論會上，一定要求各單位問題討論的相關資訊、數據資料，應該儘可能完整搜集、呈現表達有相關數據化，才能做出比較正確的決策指示。

二、每位決策成員，都要表達意見及看法

在各種決策討論會議上，決策小組成員，每一位都要求充分表達對問題發生的原因、過程及解決對策，發表自己的看法、意見及建議，做到能廣納雅言，吸納不同單位的觀點及專業。

三、不要長官一言堂

有些公司的中高階主管很喜歡「長官一言堂」，自己就是一言堂，不能認真傾聽部屬的意見與看法，如果這樣，很容易犯「一言堂的決策錯誤」。

四、提出多個解決方案討論

最終決策者在討論會議上，應要求負責單位，儘可能提出多個解決方案（A案／B案／C案），從不同觀點切入思考，以利大家做出最佳的決策方案選擇。

五、思考：有效性／效益性／長遠性／創新性

最終者決策必須認真思考，你做出的解決問題的對策、方案及最終決策指示，是否真能做到以下 4 要點：（一）有效性。（二）效益性。（三）長遠性。（四）創新性。

六、成本／效益分析，也不是絕對的

在下達決策前，通常都會要求做「成本／效益比較分析」，但有時候這也不是絕對的。企業面對急迫問題／重大問題時，有時候要投入很大成本的，此時，

第 75 堂　最終決策者在做出最後決策指示時，應注意九點事項

效益上可能短期收不回來，但仍是必要去做的，否則會大大不利影響公司長遠發展及競爭力。此時就不能單看成本／效益分析的。

七、大／小決策，不同對待

最終決策者，應該謹記兩大原則：（一）大問題／大決策：要嚴謹。（二）小問題／小決策：要快速。

八、採取共識決為佳

最終決策者在下達最後決策指示時，最好要參考小組成員們表達的意見、看法、觀點，再加上自己的想法，把兩者融合在一起，做出最後決策，形成一個「共識決」，讓大家都有參與感、大家的意見都受到重視，如此的「最終共識決策」才是最佳的。

九、最終決策者要有擔當、要負最後責任

公司任何大、小問題解決的最終決策者，必須要有擔當、要勇於負最後責任，不要怕出問題，不要怕做決定。

圖75-1　最終「決策者」在做出最後決策指示時，應注意的 9 點事項

1	資訊、數據要有完整搜集呈現	6	成本／效益分析，也不是絕對的
2	每位小組決策成員，都要充分表達意見及看法	7	大／小決策，不同對待
3	不要長官一言堂，不要官大學問大	8	採取共識決為佳
4	提出多個解決方案討論	9	最終決策者要有擔當、要負最後責任
5	要思考：有效性／效益性／長遠性／創新性		

↓

才能做出問題解決的最佳決策指示！

第 76 堂　面對問題解決複雜程度的四種組織模式

團隊經營在面對各種問題解決的組織模式，會因它的複雜程度不同而有不同的應對組織，包括如下區分四種組織模式：

一、簡單問題

遇到簡單問題，就由問題發生的部門或單位自己單獨儘速解決，不必牽涉到其他部門。例如：製造部、採購部、營業部、物流部、財務部、門市部、商品開發部等。各部門內的簡單問題發生，就由自己部門快速自己解決。

二、複雜問題

遇到複雜或棘手或多個部門必須聯合起來才能解決的狀況時，公司高階主管就必須出面，儘快組成跨部門、跨單位、跨外部的「專案小組」或「專案委員會」，以尋求能夠快速解決複雜問題。例如：

（一）解決品質長期不夠穩定問題：就涉及到研發、技術、採購、製造、品管、設計等五、六個部門的聯合團隊工作。

（二）解決未來 5～10 年新事業、新產品、新技術發展方向與計劃重大問題：就涉及到經營企劃部、商品開發部、研發部、財務部、製造部、營業部及總經理、董事長等各個部門。

三、新冒出來／新事業問題

另外，也有少數狀況是面對新冒出來／新事業的問題發生與問題解決，此時，公司就必須成立專責新部門，引進新人員，專責此問題解決。例如：最近這一、二年上市櫃大公司每年都要編製「永續報告書」，以及開始推動 ESG 新工作（環境保護、社會責任、公司治理），以迎合全球新規範。此時，很多大企業就成立「永續 ESG 委員會」新組織來負責解決此重大問題。

四、高階經營策略問題

企業面對長遠性高階經營策略及經營發展重大問題，也會成立「中長期經營發展委員會」或「中長期經營發展戰略小組」，來召集各部門一級主管組成工作團隊一起討論，並做出一連串相關決策，以解決公司 5~10 年的長遠發展問題點。

第 76 堂　面對問題解決複雜程度的四種組織模式

圖76-1　團隊面對問題解決複雜程度的 4 種組織模式

模式 1	簡單問題	由問題發生部門自己快速解決
模式 2	複雜問題	成立跨部門、跨單位的聯合專案小組或專案委員會團隊合作解決
模式 3	新冒出來／新事業問題	成立新部門、引進新的專業人員負責解決
模式 4	高階經營策略問題	由高階一級主管群，組成「中長期戰略事業發展委員會」推動解決

第 77 堂　面對問題解決複雜程度的 3 種決策模式

一、「老闆個人」決策模式

到現在，仍有一些大企業或中小企業老闆，在個性上比較專斷、顯出「強人老闆」的特質；因此，在公司一些重大問題解決上，顯示出較偏重「老闆個人」決策風格，經常是老闆一個人說了算。此種模式自有它的優點及缺點，但並不符合現代化企業經營管理知識的發展。

二、「專業經理人團隊」決策模式

現在，愈來愈多的企業採取的是：專業經理人的團隊決策模式。也就是，做老闆的、或做專業總經理／執行長的領導人，經常會組成決策討論會議，邀集相關部門一、二級主管，共同組成團隊，在專案會議上共同討論、民主討論、各抒專業己見，形成共識後，再由專業總經理／執行長下達最終決策與指示。此種問題解決的決策模式優點較多、缺點較少，目前也是主流模式。

三、「老闆個人＋團隊」決策模式

第三種決策模式就是融合老闆個人的專斷＋團隊意見而形成的決策模式。這個老闆，經常就是公司最高的董事長，雖然董事長也會傾聽各部門主管表達的意見、看法、觀點、建議，但最後下達決策及指示時，仍含有很高成分的強人老闆／領導者的自己看法與觀點。採此決策模式的，也是有不少企業的。

圖77-1　問題解決的決策討論與決策形成的 3 種模式

1	2	3
老闆個人決策模式	專業經理人團隊決策模式	老闆個人＋團隊決策模式

➡ 解決企業面對的各種問題點

第 78 堂　「動態性決策」新觀念

一、什麼是「動態性決策」

「動態性決策」就是指任何重大公司決策：
（一）不是一次性的。
（二）不是固定不變的。
（三）不是短期的。
（四）不是沒有彈性的。
（五）不是一次就保證成功的。
（六）是機動的、彈性的、敏捷的、動態的決策模式。
（七）是不斷調整的、改變因應的、快速的、能與時俱進的、朝更有效果、更長遠眼光的決策邁進。

二、採用「動態性決策」模式的 3 大原因

企業必須採取「動態性決策」觀念的 3 大原因如下：
（一）外部大環境一直在改變中、變化中、演進中，不是每一天都固定不變的。只要外部大環境變化，就會影響到公司的各種營運決策及營運績效，故必須採用「動態性」觀念及行動，去做好應對措施，才能使公司長存下去。
（二）公司內部自己的資源條件狀況、優勢狀況、營運好壞狀況，也在變化及改變中。因此，從此觀點看，企業也必須採取動態性決策加以快速應對。
（三）競爭對手的行動、資源條件、決策、優／劣勢等，也在變化及改變中。因此，我們也必須保持動態性而非靜態性決策去應對，才不會被競爭對手超越過。

三、成功案例

（一）王品餐飲集團：30 多年來，王品發展出 28 個品牌餐飲及 310 家分店，成為國內第一大餐飲集團，也是採取動態性決策，每年推出 1～2 種新口味、新品牌餐飲。
（二）超商店型改變：國內各大超商的店型演變，從過去小型店到現在的大型店、特色店、複合店、店中店，就是一種改變店型的動態性決策。
（三）和泰汽車：國內第一大汽車代理行銷公司和泰，過去一直以一般轎車銷售為主，最近幾年，又引進輕型商用車銷售，結果也賣得很好，這也是一種車型產品多樣化的動態性決策的收獲。

圖78-1　何謂企業「動態性決策」（Dynamic Decision）新觀念涵意

動態性決策（Dynamic Decision）

- 非一次性
- 非固定不變
- 非一次就保證成功
- 非短期
- 非沒有彈性

＋

是機動的、彈性的、不斷調整、不斷因應改變、能與時俱進的、能朝更有效果的方向與策略邁進

圖78-2　企業採取「動態性決策」觀念的 3 大原因

1 面臨外部大環境的不斷變化及演進

2 面臨公司自身資源條件及營運狀況好壞的變化

3 面臨強大競爭對手的變化及挑戰

↓

迫使企業必須採取「動態性決策」模式，
機動／調整／快速的去做下一次的決策改變

第 3 篇　團隊的問題解決篇

第79堂　打造重視問題預防及解決的企業文化／組織文化五種作法

那麼，企業應該如何才能打造出一種對重視「問題預防」及「問題解決」的好的企業文化及組織文化呢？計有五種作法：

一、新進人員訓練

對每一梯次的新進員工，在授課內容中，必須放入針對本公司對問題預防、分析及解決管理的重視及要求。

二、納入年終考核

企業必須把問題預防及問題解決能力與貢獻，納入每位員工的年終考核指標項目之一，引起大家的重視及付出。

三、舉辦問題解決表揚大會

企業必須每年一次舉辦各單位對「問題預防」及「問題解決」的成果表揚大會。針對這一年度內100%沒發生問題的，以及對重大問題得到改善及解決的單位及個人，加以表揚及獎金鼓勵。

四、張貼海報／看板

公司應該在工廠內、倉庫內、辦公室內、研究中心內、訓練中心內，大量張貼有關「問題預防」及「問題解決」的各式海報、電子看板等，以隨時喚起全體員工對此要求的重視及執行。

五、納入每月主管會報

就是要求各部、室的一級主管，都必須把此項工作納入工作報告內，以提醒各一級主管的重視。

圖 79-1　打造重視「問題預防」及「問題解決」的企業文化／組織文化 5 種作法

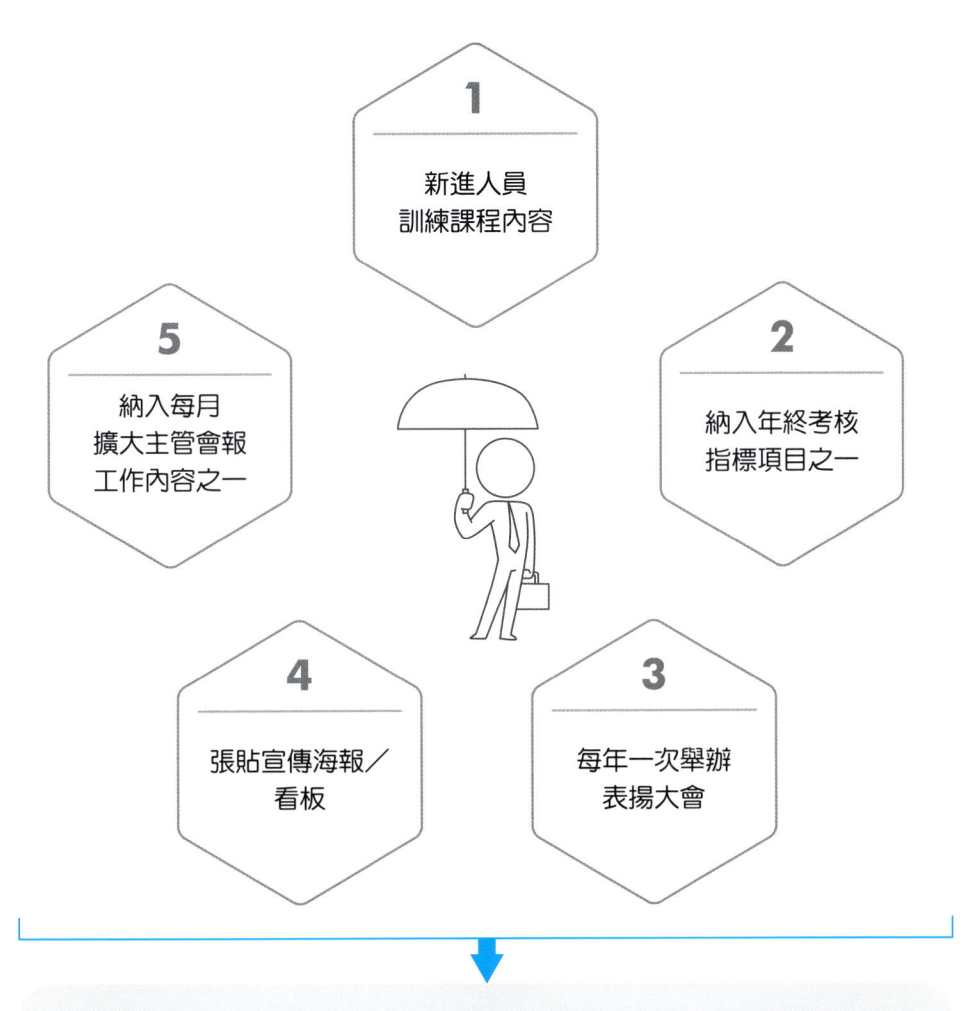

1　新進人員訓練課程內容

2　納入年終考核指標項目之一

3　每年一次舉辦表揚大會

4　張貼宣傳海報／看板

5　納入每月擴大主管會報工作內容之一

⬇

有效建立全員對問題預防及問題解決的企業文化／組織文化！

第 3 篇　團隊的問題解決篇

第 80 堂　團隊各級主管執行問題解決之決策，應有十項思考點

在實務上，各部門、跨部門之各級主管在做出問題解決之最終決策時，應有十項思考點，比較會做出好的、正確的最終決策，如下述：

一、真正能解決問題的「有效性」思考

「有效性」評估，是真正能解決問題的核心點，做出無效果決策，那只是浪費企業的時間而已；要做，就要儘可能一次做對、做出好效果出來，那才是第一名的問題解決專家及主管。當然，有些較困難、較尖端的問題，也必須多次嘗試及多花點時間才能解決的，這也是可以接受的。

二、問題解決的「優先性」及「迫切性」思考

做任何解決決策時，必須思考到：這個問題或這些問題的「優先性」（priority）及「迫切性」（urgent）如何。對公司整體發展愈優先的、愈迫切的，就應該放在最前面的工作事項，加速下決策及加速加以解決。而比較不迫切的、不急於一時的、可以慢慢來的，就把解決順序放在後面一些。

三、問題解決的「短期性」及「長期性」（長遠性）思考

執行問題解決及決策時，也必須思考到：此問題的短期性或長遠性影響，愈具長遠性影響的問題，表示愈要加以重視，因為一處理不好，就會影響到公司的長遠性經營成效。

四、問題解決的「戰術性」與「戰略性」思考

問題解決也應該思考到這些問題是比較小範圍、比較低層次、比較日常作業的，就是屬於「戰術性」問題解決，以快速解決為要求。而比較大範圍的、比較高層次、比較宏觀的、比較深遠的、比較有高度的，就是屬於「戰略性」問題解決，此必須不能太草率下決策，也不是單一部門能下決策的，必須組成「跨部門專案委員會」來加以解決。

五、問題解決的「片面性」與「全面性」思考

有些問題解決及下決策，是可以「片面性」觀念加以解決即可，但有些問題則必須有「全面性」觀點，才能有效／真正解決的。

六、問題解決的「成本性」與「效益性」思考

有時候，問題解決下決策時，仍須考量到「投入成本」與「獲得效益」的比較分析與思考，當效益＞成本時，此決策即可明確做出。當然，有少數狀況下，成本＞效益，仍不得不做，也是有的。所以，不是絕對的。

七、問題解決的「獨立思考性」、「獨創性」、「創新性」思考

面對問題解決時，應該要求負責擔當部門及人員，必須具備「獨立思考性」、「獨創性」、「創新性」的思考力，才能端出一勞永逸又貢獻巨大的問題解決方案出來。

八、新人才需求性思考

有時候企業經營面對新時代、新技術、新市場、新產品挑戰問題時，公司既有人才恐怕無法有效應對，因此，必須有嶄新人才的需求，才能得到有效、徹底的解決能力。

九、問題解決的「自我解決」或「借助外力解決」思考

當重大問題解決涉及面向很多、涉及專業也很多，而必須協同／借助外部專業公司的專業人才來協助我們解決高難度問題。此時，付出一些費用，委託專業公司協助解決，也是必要思考的。

十、問題解決的「資金投入」思考

面臨大問題或深遠問題，可能必須投入巨大資金才能解決，這也是必須思考到以及準備好資金能力。

圖80-1　各級主管做下問題解決決策時，應有之 10 項思考點

1. 真正能解決問題的「有效性」思考	6. 問題解決的「成本性」與「效益性」思考
2. 問題解決的「優先性」及「迫切性」思考	7. 問題解決的「獨立思考性」、「獨創性」、「創新性」思考
3. 問題解決的「短期性」及「長期性」（長遠性）思考	8. 「新人才需求性」思考
4. 問題解決的「戰術性」與「戰略性」思考	9. 問題解決的「自我解決」或「借助外力解決」思考
5. 問題解決的「片面性」與「全面性」思考	10. 問題解決的「資金投入」思考

第 81 堂　團隊問題解決的七字訣：4W/1H/1C/1R

企業各部門、各主管在面對重要問題解決時，可從下列七字訣來完整思考，比較不會漏東漏西的，說明如下：

一、What？（問題是什麼？）

首先要確認發生的「問題」是什麼？包括：「表面的問題」及「核心的問題」兩種。

二、Why？（問題形成原因是什麼？）

其次，要去分析／思考／檢查／查核此問題的形成原因是什麼？Reason Why（原因是什麼）？要有深度的去挖掘各種可能形成的真正原因及關鍵原因何在？如此，才能做到對症下藥，藥到病除。

三、Who？（誰負責去執行、去做？）

接著要思考：此問題應該是哪些單位／哪些人員負責去做、去執行、去完成、去解決。要指派最佳的團隊及主管去負責任完成。

四、How to do？（如何做？如何解決？方案為何？作法為何？）

這些執行負責人員就必須思考，針對前述發生問題的諸多原因，一個一個去思考如何改善？如何解決？如何作法？如何強化？如何改變？如何創新？

五、Check！（考核執行後，是否得到問題解決？）

當執行若干期間之後，就要有人去考核、查看問題是否真正得到解決？或得到明顯改善？

六、Reaction！（再調整、再行動、再出發。）

如果上述問題並沒有完全得到改善或解決，那麼負責團隊就必須再調整作法、再修正作法、再改變策略、再重新行動，以求最終的成功才能停止／完成。

七、When？（何時應該／必須完成？）

另外，也必須指示解決小組應該在哪個時間點、哪個日期前、哪個 Deadline 時限前，完成此項問題點。

圖81-1　問題解決的 7 字訣：4W/1H/1C/1R

1 What
問題是什麼？

2 Why
問題形成的原因是什麼？

3 Who
誰去負責執行、去做？

4 How to do
如何做？如何解決？
方案為何？作法為何？

5 Check
考核執行後，
是否得到有效問題解決？

6 Reaction
再調整、再行動、再出發。

7 When
何時應該／必須完成？

第82堂　團隊問題解決簡單四字訣：Q→W→A→R

前述是較完整的問題解決七字訣，但也有另外更簡化的四字訣，如下：

一、Q：Question（問題是什麼？）
二、W：Reason why（問題形成的原因是什麼？）
三、A：Answer（問題解決的方案、計劃、作法是什麼？）
四、R：Result（問題解決的結果／成果如何？）

圖82-1　問題解決簡單 4 字訣：Q→W→A→R

1 Q Question（問題是什麼？）

2 W Reason why（問題形成的原因是什麼？）

3 A Answer（問題解決的方案、計劃、作法是什麼？）

4 R Result（問題解決的結果／成果如何？）

第 83 堂　團隊問題解決與外部協力單位

企業經營會經常面對各種不易解決的困難與問題,而且也不是公司自己內部組織與人員就可以快速自己解決的。一般來說,消費品業、傳統製造業、科技業及服務業等,經常會尋求外部協力單位幫忙的,大致有如下公司。

一、廣告公司
二、數位行銷公司
三、公關公司
四、媒體代理商
五、通路陳列公司
六、展覽公司
七、工程技術公司
八、研發公司
九、品質鑑定公司
十、會計師事務所
十一、律師事務所
十二、設備供應商
十三、原物料／零組件供應商
十四、零售通路公司
十五、設計公司
十六、國外先進同業公司
十七、市調公司
十八、網紅經紀公司
十九、外部學者／專家／顧問人員

第84堂　團隊問題解決「能力形成」的六種內涵成分

公司各單位人員對各式問題解決的「能力」（capability），到底它的內涵、內容、形成有哪些？根據我過去十多年的實戰工作經驗顯示，計有六種內涵成分，才會比較能夠真正的解決問題，包括：

一、「專業知識」夠不夠、行不行

各種職務都有它的專業知識，例如：研發、技術、設計、採購、製造、行銷、客服、會員經營、策略規劃、人資、資訊、法務、稽核、總務、節目製作、電影製作、財會、證券投資、銀行融資、化工、電子、機械、電腦、零售、百貨、餐飲……等數十種專業知識。員工自己在各自領域上的真正專業知識及實力，到底夠不夠、行不行、強不強？這些都會影響到對問題的解決能力。此即，全員要加強自己的「本職學能」與「尖端知識」。

二、工作「經驗累積」夠不夠、多不多

每位員工對自己工作經驗累積的多不多、夠不夠？例如：一位二十年、十年、一年年資的技術型員工，對高端、先進技術能力的累積經驗，就有不同。資淺與資深的工作經驗累積不同，也會形成問題解決能力的內涵之一。

三、解決問題的「態度及精神」夠不夠

員工們對解決問題的態度及精神夠不夠？這包括：
（一）主動／積極態度。　　（四）捨我其誰態度。
（二）認真／用心態度。　　（五）當仁不讓態度。
（三）追根究底態度。

而「態度」是很重要的軟性能力內涵之一。

四、「一般性知識」能力夠不夠、行不行

在問題解決能力的形成上，除了「專業知識」外，還包括「一般性知識」，包括如下幾項：
（一）思考力知識夠不夠。　　（五）推理力知識夠不夠。
（二）分析力知識夠不夠。　　（六）架構力知識夠不夠。
（三）創新力知識夠不夠。　　（七）組織力知識夠不夠。
（四）邏輯力知識夠不夠。

五、外部本業及異業「人脈存摺」夠不夠、行不行

問題解決有時候也會牽涉到外部人脈存摺的運用及請教。外部人脈存摺愈豐富，就愈能向他們請教，如此也會增進自己問題解決的能力內涵。

六、「求進步的企圖心」夠不夠

對問題解決能力的形成內涵之一，就是員工們是否擁有「求進步的企圖心」。愈能求進步的員工，就愈能不斷提高他們的問題解決能力表現。

圖84-1 問題解決「能力形成」的 6 種內涵成分

1. 專業知識夠不夠、行不行？
2. 一般性知識能力夠不夠、行不行？
3. 工作經驗累積夠不夠、多不多？
4. 外部人脈存摺夠不夠、行不行？
5. 問題解決的態度及精神夠不夠？
6. 求進步的企圖心夠不夠？

⬇

形成員工們對問題解決的能力內涵！

圖84-2 員工應有的問題解決之 5 種態度

1. 主動／積極態度
2. 認真／用心態度
3. 追根究底態度
4. 捨我其誰態度
5. 當仁不讓態度

⬇

員工對問題解決的必備5種態度

圖84-3 員工對問題解決能力形成的 7 種一般知識

1. 思考力知識 ＋
2. 分析力知識 ＋
3. 創新力知識 ＋
4. 邏輯力知識 ＋
5. 推理力知識 ＋
6. 架構力知識 ＋
7. 組織力知識

第 85 堂　團隊有效提升全體員工對問題解決力的八種作法

　　如果公司全體員工及主管／幹部都能具備快速、正確、有效的解決問題能力，公司必可加速提升它在整個市場的競爭力。那麼公司要如何才能提升全員對問題解決能力呢？有如下八種具體作法：

一、全員教育訓練

　　公司必須把如何預防問題、分析問題及解決問題的學理知識及實戰經驗，成為一種課程，並且召集全體員工，從上到下，都要上過此課程才行。而此課程講師，以內部各級有此經驗的主管，組成內部講師團，加上邀請外部的學者／專家，聯合一起授課，以提升全體員工及幹部對此課題的必要知識、經驗、作法與know-how。

二、要不斷提升全員的平均人才素質

　　公司全體員工的人才平均素質提升了，公司就愈有能力去預防問題及解決問題。人才素質，是指各部門、各工廠員工的：好學歷、好經驗、好專業、好能力、好態度、好向心力、好潛力、好成長力等。

三、建立解決問題實務資料庫

　　公司應該建立一套完整的、各部門／各工廠的問題解決成功實例資料庫與知識庫，把過去做過的、發生過的、成功解決過的資料，記錄起來，可供以後人員發生問題時的珍貴參考資料及作法，以迅速解決問題，這是公司難得的know-how 資料庫。

四、借鏡國內外第一名業者作法

　　公司可以借鏡國內外第一名業者，在面對相關問題發生時如何解決作法，以做為重要參考，此即標竿學習，必有很大助益，也能提升全員的問題解決能力與知識。

五、朝向零誤失／零問題終極目標邁進

　　公司高階主管也應宣示朝向各部門、各工廠的零誤失／零問題終極目標，努力邁進，此亦可逐步提升各部門、各工廠問題預防及問題解決之能力。

六、強化跨部門團隊合作要求

公司必須強化及要求對重大問題解決的跨部門團隊合作能力之提升。企業很多大問題，都是必須組成團隊，合作無間，才能徹底解決問題的。

七、每年定期表揚及獎勵

公司每年也須舉辦一次大型對問題預防及解決有大功勞／大績效的相關單位及人員，加以表揚及獎金獎勵，如此，可以提高全員對此項工作的重視感及不落人後感，最後就可以提高大家對問題解決的這種能力了。

八、納入年度考績

第八點作法，就是必須把各人員、各主管對各項重大問題預防與問題解決的成效，納入每年底的年度考績項目之一，如此把雙方連結在一起，才會得到員工及主管們的重視，然後，也就會逐步提高全員對問題解決的根本能力。

圖85-1　有效提升全體員工對問題解決能力的 8 種作法

1. 全員教育訓練。
2. 不斷提升全員的平均人才素質。
3. 立解決問題實務資料庫。
4. 借鏡國內外第一名業者的作法。
5. 朝向零誤失／零問題終極目標邁進。
6. 強化跨部門團隊合作要求。
7. 每年定期表揚及獎勵。
8. 納入年度考績內。

→ 有效提升全體員工對問題解決能力的進步與展現！

圖85-2　內／外部組成問題預防、分析、解決的授課講師團

1. 公司內部有經驗主管及專業人員
 ＋
2. 外部學者／專家／顧問
 ＝
- 共同組成問題解決講師團
- 全員必須上課並考試！

第 86 堂　團隊不必等待 100 分完美決策與漸近式決策模式

一、「不必等待 100 分完美決策」的最新趨勢

現在不少企業在問題解決決策上的發展趨勢上，有出現一種「不必等待 100 分完美決策」的現象。此決策之意涵包括：

（一）企業任何決策或問題解決思維，是不必要求每件都要達到 100 分的狀況

（二）企業有些決策，有些是急迫的、必須趕快做的

（三）企業有些決策，可以邊做、邊修、邊改，最後會愈做愈好、愈成功

所以，以上就是「不必等待 100 分完美決策」的重要思維改變與最新趨勢。

二、「漸進式決策」模式

在實務上，企業面對各種決策時，因為擔心決策的正確性、風險性及有效性，因此採取「漸近的、小規模試行的、小地區試行的模式」，等試行成功，然後，再大舉推出。例如：

（一）新產品推出

（二）新店型推出

（三）新專櫃推出

（四）新營運模式推出

（五）新服務推出

（六）新餐飲推出

上述這些狀況，有些會採取「漸進式」的決策模式。

第 87 堂　團隊對問題發生「預防管理」之五要點

其實「問題預防」遠比「問題解決」重要太多，問題能夠在事前都能預防得好，就能夠使問題減少發生，甚至零發生，這種狀況才是最棒的企業經營及企業管理。所以，企業必須多努力／用心在如何預防問題發生，才是重點。

企業如何做好「問題預防」管理呢？主要要做好下列五要點，如下：

一、建立制度、建立 SOP 流程

企業首要，就是要在各部門、各工廠的營運動，徹底做好：建立制度、建立 SOP 標準作業流程、建立規章、建立工作指標、建立辦法等。有了好制度、好規章、好 SOP、好指標，企業就可以安心營運；千萬不能只靠人去運作，因為：制度優於人，人會變的、人不會持久的、人會不穩定、人是有情緒的、人是有利益點，而制度則不會，故：制度＞人。

二、做好人員訓練

制度及 SOP 建立好之後，接著就要對人員展開訓練，要求人員熟悉制度、規章及 SOP，並按此執行，不管在工廠生產線、品管線、門市店、零售店、專賣店、專櫃、物流中心等均是如此。

三、定期、定點查核是否落實

第三點，就是要有專責人員去定期、定點查核是否有落實制度、規章及 SOP。如果沒有定期查核、追蹤，就可能使人員鬆懈、不在乎、疏忽。如是這樣，問題就會發生。

四、貫徹賞罰分明政策

第四點，就是要做到賞罰分明的政策；若是各單位、各人員全年度都沒發生不好的問題（零問題），則公司就要給予應得的獎勵及表揚。若是有發生問題的，就要給予懲處才行，引起他們的警惕心。

五、加強宣導及觀念深化

第五點，公司必須在各種會議上、各種場所／場合，加強宣導大家對問題預防的重視及觀念深化，成為每天上班／上工的工作思想及行動。

第 87 堂　團隊對問題發生「預防管理」之五要點

圖87-1　團隊對問題發生「預防管理」之 5 要點

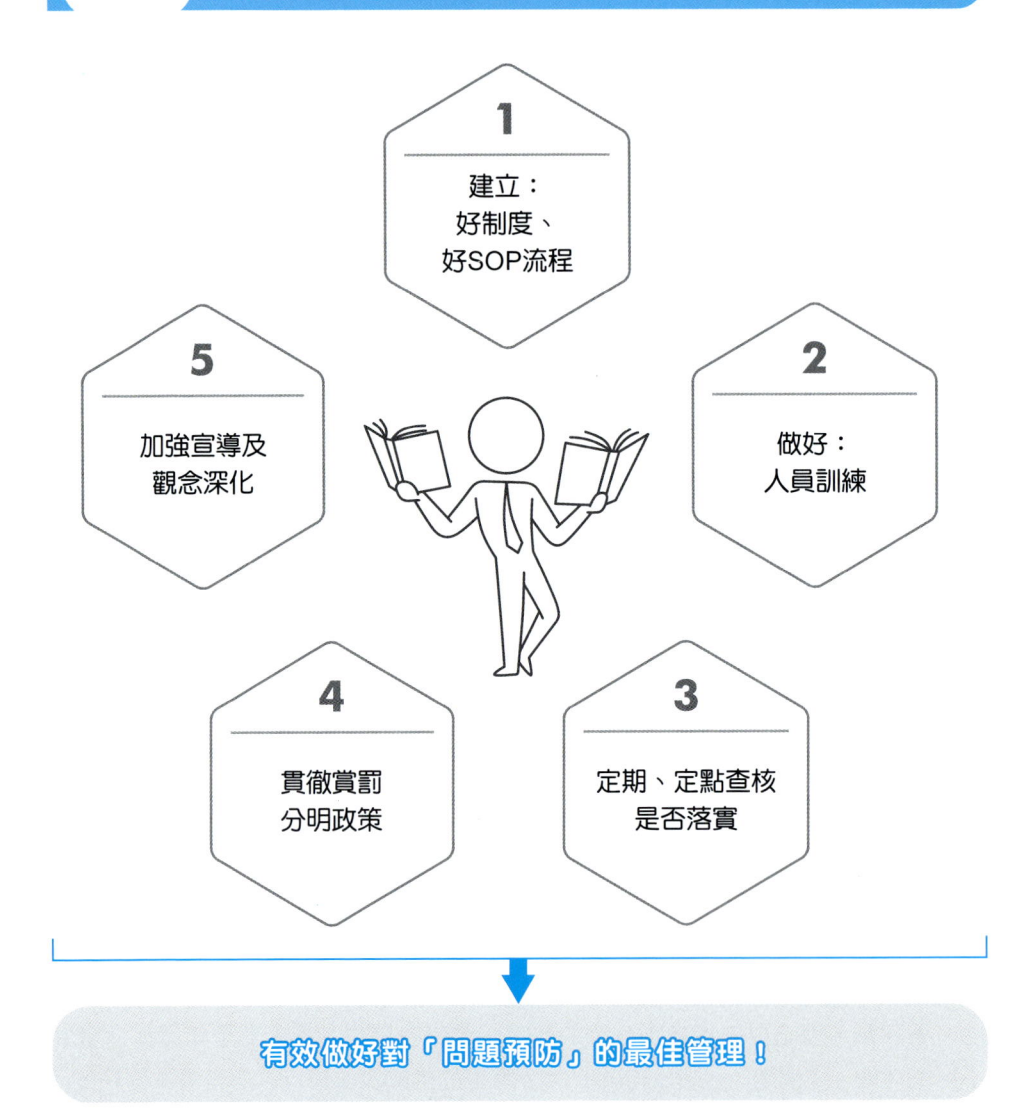

1 建立：好制度、好SOP流程

2 做好：人員訓練

3 定期、定點查核是否落實

4 貫徹賞罰分明政策

5 加強宣導及觀念深化

↓

有效做好對「問題預防」的最佳管理！

第 88 堂　團隊「不做改變，恐會滅亡」

一、柳井正董事長：「日本不做改變，恐會滅亡！」

日本第一大國民服飾公司優衣庫（Uniqlo）董事長柳井正，最近在日本國內喊出：日本近 30 年經濟都沒成長，再不改變，日本恐會滅亡的話語出來。

圖88-1

柳井正董事長：日本近30年，經濟都沒成長
↓
呼喊：日本再不改變，恐會滅亡！

二、企業（或團隊）不做改變，也會滅亡

如果縮小到企業或團隊來看，它所面臨內在及外在環境的巨大改變，若不及時做出改變及變革、革新的話，企業（或團隊）也有可能面臨滅亡或衰退的可能性！

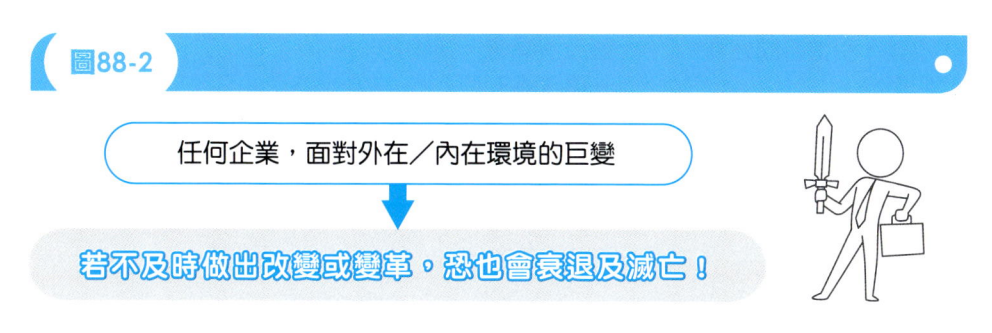

圖88-2

任何企業，面對外在／內在環境的巨變
↓
若不及時做出改變或變革，恐也會衰退及滅亡！

三、企業（團隊）及時做出改變的成功案例

如下圖示：

第 88 堂　團隊「不做改變，恐會滅亡」

圖88-3　企業（或團隊）及時做出改變的成功案例

01 新光三越及SOGO百貨每年更換／更新100個專櫃，才能存活下來。

02 美國蘋果iPhone手機，每一年都推出新款手機，目前已到iPhone16代。

03 和泰汽車每年保持推出一款新車型。

04 三陽／光陽機車，每一年都推出1~3款新機車款式。

05 台積電每1~2年都推出更先進的3奈米、2奈米、1奈米晶片，這也是改變。

06 統一超商及全家的門市店型改變，推出大店型及複合店型。

07 台灣Costco好市多的國內外商品每年都有改變，引進各國好賣的產品。

08 寬宏藝術公司每一年都引進不同的展演團體及演唱會，這也是一種改變。

09 王品餐飲集團每年推出1~3個新品牌，這是一種改變。

第四篇
總結與總歸納篇

總歸納 1　如何打造出高績效／高動能團隊（70 個重要觀念及思維）

圖1

1. 具有優良的企業文化
2. 人人都有勇於當責的心
3. 各級主管做到：無私、無我、公平、公正
4. 做好：O-S-P-D-C-A 共6大管理循環
5. 任何事都要有定期檢核制度
6. 人人要兼具高效率及高效能性
7. 允許成員為創新而犯錯
8. 團隊最高領導人必須具備卓越能力及高品德性
9. 要持續有領先的研發及技術
10. 團隊成員人人有強大歸屬感、向心力、忠誠度、及貢獻度
11. 做好團隊內及團隊間的良好溝通／協調機制
12. 團隊成員及主管必須權責一致性
13. 團隊每位成員要自動、自發的把事情做對、做好
14. 團隊每個人要有高度使命感，並使命必達
15. 各級主管要與部屬定期談話，為他們解決困難
16. 團隊面對外在環境變化，必須勇於改革及改變
17. 團隊應推動每年一次的「員工家庭日」活動
18. 團隊必須貫徹年度考績制度，員工才不會懈怠

↓

團隊將能為公司創造出高績效及高動能出來！

19 團隊非不得已，儘量不要加班；要顧及成員們的家庭生活	**20** 團隊老成員要願意改革及改變	**21** 團隊各級主管必須提升及養成自己的正確決策力
22 團隊成員要不斷增加新成員、新活水，以提高團隊實力	**23** 團隊在財務上必須實施年度預算管理制度，大家朝此預算而努力	**24** 團隊必須執行多個利潤（BU）中心制度，才會有好績效
25 團隊最高主管必須率領全員努力達成IPO	**26** 團隊決策模式是優於主管個人化決策模式	**27** 團隊要打造出學習型的組織！更要終身學習！不斷進步
28 團隊各級主管必須要有超前眼光與超前部署	**29** 團隊各級主管不要怕改變，有改變，才會有機會	**30** 團隊各級主管必須養成高瞻遠矚的能力
31 團隊的三對：經營方向要對、策略要對、人事要對！績效就會提高	**32** 團隊如能主動「創造需求」並「引領風潮」，就能提高營收及獲利	**33** 團隊各級主管要勇於挑戰更高的業績目標
34 團隊必須擁有快速、敏捷抓住新商機的能力	**35** 團不要不斷擴大企業的經濟規模性，才會有贏的競爭力	**36** 團隊要立下志向：「立足台灣，布局全球」
37 團隊要養成擁有快速應變外在環境的變化	**38** 團隊事業的成長及擴張2大方向：一是深耕既有事業，二是開拓新領域事業	**39** 團隊必須迎合時代新需求：即：做好CSR及ESG
40 團隊成功九字訣：求新、求變、求快、求更好	**41** 團隊要能永保產品與服務的高品質、穩定品質及升級品質	**42** 團隊用人哲學20字：知人善任、分層負責、充分授權、用人不疑、疑人不用

↓

團隊將能為公司創造出高績效及高動能出來！

總歸納 1　如何打造出高績效／高動能團隊（**70**個重要觀念及思維）

43 團隊各級主管務使人人發揮最大潛能

44 團隊各級主管必須做好人才管理的「DEI」工作

45 團隊要有好業績，必須做好五個值：高CP值、高EP值、高TP值、高顏值、高品質

46 做好：O-S-P-D-C-A 共6大管理循環

47 團隊內跨公司資源應彼此分享及支援，才可創造綜效

48 團隊必須要建立強大的公司必備14大項基礎資源實力

49 團隊所有成員必須具備主動性及積極性

50 團隊應配備最先進製造設備，才能做出第一流產品

51 團隊應建立主管代理人制度，隨時有人可以接替

52 團隊必須保持不斷的創新力及創造力，才能長久存活下去

53 團隊經營最重要2大支柱→軟體：人力；硬體：設備

54 團隊面對問題時的三「立」法則：立刻討論、立刻決定、立刻執行

55 團隊要打造的不只是個人的能力，而更是整個「組織能力」

56 團隊主管要重視工作細節，魔鬼都藏在細節裡

57 團隊要求大家「團隊合作」而不是「個人英雄」

58 團隊面對外在環境變化，必須勇於改革及改變

59 團隊各級主管必須做好對人才的教育訓練工作，以提高全員一致性的能力

60 團隊最高主管一定要打造出可使成員晉升與成長的新舞台及新空間

61 要使團隊成員人人都能認股，使員工成為公司小股東

62 團隊各級主管及各部門，必須建立起完整的各種「管理機制」才行

63 團隊最高主管必須為大家建立起長期且宏大的「企業願景」

64 團隊經營必須設定每個階段、每個年度的「目標管理」制度

65 團隊營運必先做好、做強「企業價值鏈」的附加價值工作

66 團隊必須擁有各部門卓越且優良的一級主管

↓

團隊將能為公司創造出高績效及高動能出來！

67 團隊各級主管必須擁有「動態性決策」新觀念

68 團隊長久不做改變，恐會滅亡

69 團隊各級主管不必等待100分完美決策，而是漸進式改良決策模式

70 團隊各級主管對問題發生，要建立「提前預防管理」的新觀念

⬇

團隊將能為公司創造出高績效及高動能出來！

總歸納 2　如何打造出高績效／高動能團隊（75個重要核心關鍵字）

圖2

1 團隊企業文化	2 人人當責心（負責任心）	3 主管無私、無我、公平、公正
4 做好：O-S-P-D-C-A	5 定期檢核制度	6 人人高效率＋高效能
7 允許為創新犯錯	8 最高領導人卓越領導力	9 領先的技術
10 人人有歸屬感、向心力、忠誠度	11 良好溝通／協調	12 權責一致性
13 人人自動、自發	14 人人把事做對、做好	15 人人高度使命感
16 定期與部屬面談	17 勇於改變、改革	18 員工家庭日
19 年度打考績制度	20 不斷加入新成員、新活水	21 提升正確決策力
22 年度預算管理制度	23 利潤中心制度（BU制）	24 努力達成IPO（上市櫃）
25 團隊超前眼光	26 高瞻遠矚	27 有改變，才會有機會

28 團隊決策模式	29 學習型組織	30 經營方向要走對
31 人事配置要做對	32 經營策略要正確	33 創造市場需求
34 引領市場風潮	35 挑戰更高業績目標	36 敏捷／快速抓住新商機
37 快速應對外在環境變化	38 立足台灣佈局全球	39 經濟規模化
40 深耕既有事業	41 開拓新領域事業	42 CSR＋ESG
43 求新、求變、求快、求更好	44 永保高品質之道	45 知人善任
46 分層負責	47 充分授權	48 獎勵、激勵成員
49 人才管理「DEI」	50 人人發揮最大潛能	51 跨公司資源共享、及支援
52 厚實基礎資源實力	53 主動性＋積極性	54 高CP值
55 高EP值	56 高TP值	57 先進製造設備
58 主管代理人制度	59 創新力&創造力	60 軟體：人才 硬體：設備

第4篇 總結與總歸納篇

總歸納 2　如何打造出高績效／高動能團隊（75 個重要核心關鍵字）

61 立刻討論→立刻決策論→立刻執行	**62** 個人能力&組織能力	**63** 決策要果斷
64 魔鬼都藏在細節裡	**65** 團隊合作	**66** 培訓&教育訓練
67 使員工人人成為公司股東	**68** 完整化管理機制	**69** 企業願景
70 目標管理	**71** 動態性決策	**72** 企業價值鏈
73 不做改變，恐會滅亡	**74** 漸進式改良決策模式	**75** 事前預防管理

總歸納 3　如何打造高績效／高動能團隊（對全體員工的要求）

圖3-1　對公司／對各級主管／對全體員工的要求做到項目彙總

1. 對公司的要求做到項目彙總

(1) 公司應打造出優良企業文化

(2) 公司要允許成員為創新而犯錯

(3) 團隊最高領導人必須具備卓越領導能力及高品德性

(4) 公司要保持持續性領先的研發及技術

(5) 公司面對外在環境變化，必須勇於改革及改變

(6) 公司應推動每年一次的「員工家庭日」活動

(7) 公司必須貫徹年度考績制度，員工才不會懈怠

(8) 公司非不得已，應儘量不要加班，要顧及員工的家庭生活及健康

(9) 公司要不斷增加組織新成員、新活水、新技能，以提高團隊整體實力

(10) 公司在財務上必須實施年度預算管理制度，大家朝此預算而努力

(11) 公司在業務上必須執行多個利潤中心（BU制），才會產生好業績

(12) 公司最高領導層必須率領全體員工及各部門主管，努力達成進入資本市場的IPO

(13) 公司要力行「團隊決策」（team decision-making），而非老闆或高階主管的「一個人決策」

(14) 公司要打造出「學習型」組織，全員更要終身學習，不斷進步

(15) 公司要做好三對：經營方向要對！策略要對！人事要對！績效就會提高

(16) 公司要能主動「創造需求」並「引領風潮」，就能提高營收及獲利

(17) 公司要不斷擴大企業的經濟規模性，才會有贏的競爭力

(18) 公司要立下志向：「立足台灣，布局全球」，才能成為跨國大企業

(19) 公司要養成擁有快速應變外在環境的變化

(20) 公司事業的成長及擴張2大方向：一是深耕既有事業，二是開拓新領域事業

第 4 篇　總結與總歸納篇

161

總歸納 3　如何打造高績效／高動能團隊（對全體員工的要求）

1. 對公司的要求做到項目彙總

(21) 公司必須迎合時代新需求，即做好：CSR＋ESG

(22) 公司用人哲學20字：知人善任、分層負責、充份授權、用人不疑、疑人不用

(23) 公司必須做好對全體員工充足的福利、薪資、獎金、年薪等獎勵政策

(24) 跨公司資源應彼此分享、支援、互用，才可創造更大綜效

(25) 公司必須建立強大的公司必備14大項基礎資源實力

(26) 公司整體必須保持不斷的創新力及創造力，才能長久存活下去

(27) 公司經營最重要2大支柱：軟體：人力；硬體：設備

(28) 公司要打造的不只是個人能力，而更是整個「組織能力」

(29) 公司必須打造出可使團隊成員晉升及成長的新舞台及新空間

(30) 公司要使團隊成員人人都能認股，使員工成為公司小股東及小老闆

(31) 公司必須建立起全方位完整的「管理機制」才行！如此，各種管理才會上軌道

(32) 公司最高領導人必須為大家建立起宏大的「企業願景」！做為全體員工追尋的目標

(33) 公司經營若長久不做改變，恐會滅亡

圖3-2 對各級主管

2. 對各級主管的要求做到項目彙總

(1) 團隊各級主管都要有「當責心」，即勇於負責任的心態

(2) 團隊各級主管都務必做到：無私、無我、公平、公正，才能真正領導所有成員

(3) 團隊各級主管，日常的管理工作，務求做到O-S-P-D-C-A共6大管理循環，才會有成效。即：目標→策略→計劃→執行→考核→再調整

(4) 團隊各級主管都要建立並落實對成員工作交待的定期檢核制度

(5) 團隊各級主管必須做好團隊內及團隊之間的良好溝通協調工作與機制

(6) 團隊主管必須認知到：你必須權責一致性，你有權力，就必須負責任

(7) 團隊各級主管必須每年定期與部屬們面對面談，為他們解決困難

(8) 團隊各級主管必須養成及提升自己本身的正確決策力，不可以下錯決策

(9) 團隊各級主管必須擁有超前眼光與超前部署

(10) 團隊各級主管不要怕改變，有改變，才會有機會

(11) 團隊各級主管必須養成高瞻遠矚的能力

(12) 團隊各級主管要勇於挑戰更高的業績目標

(13) 團隊各級主管要擁有快速、敏捷抓住新商機能力

(14) 團隊各級主管務必使成員們人人都能發揮最大潛能

(15) 團隊主管應建立主管代理人制度，隨時有人可以接替

(16) 團隊主管面對各種問題／難題時的三「立」法則：立刻討論、立刻決定、立刻執行

(17) 團隊各級主管的各項決策要及時、要果斷，不可拖延

(18) 團隊各級主管必須做好對部屬們的教育訓練（培訓）工作！以提升他們的能力

(19) 團隊經營必須設定每個階段、每個年度的「目標管理」制度

(20) 團隊必須擁有各部門卓越且優良的一級主管幹部

(21) 團隊各級主管必須要有「動態性決策」新觀念，而不是僅固不變決策舊觀念

(22) 團隊各級主管若長久不做改變，恐會滅亡

(23) 團隊各級主管對問題發生，要建立起「提前預防管理」新觀念

總歸納 3　如何打造高績效／高動能團隊（對全體員工的要求）

圖3-3　對全體員工

1. 對全體員工的要求做到項目彙總

(1) 全體員工都要有「當責心」（負起自己的責任）

(2) 全體員工都要兼具高效率及高效能

(4) 全體員工都要自動、自發把事情做對、做好

(5) 全體員工每個人都要有高度使命感，並使命必達

(6) 全體員工要勇於改革及改變

(7) 全體員工九字訣：求新、求變、求快、求更好

(8) 全體員工要力求做出好品質、高品質、升級品質的好產品出來

(9) 全體員工必須人人具備主動性及積極性

(10) 全體員工必須重視工作細節，魔鬼都藏在細節裡

(11) 全體員工要大家能「團隊合作」，而非個人英雄

(12) 全體員工要在各自崗位上為「企業價值鏈」做出更多、更高「附加價值」出來

(13) 全體員工要堅持終身學習、不斷學習、不斷進步，才能貢獻公司好績效

總歸納 4　打造高績效／高動能團隊的 3 大類關鍵因素彙總

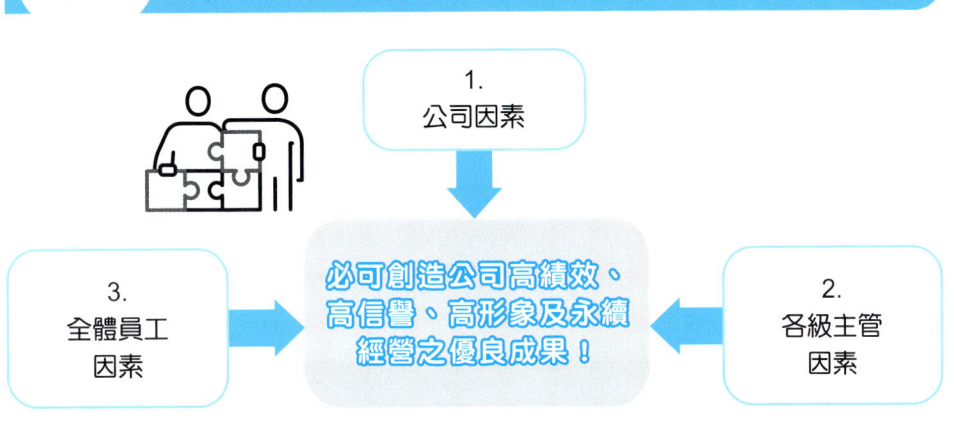

圖4-1

```
                    1.
                  公司因素
                     ↓
   3.                            2.
全體員工  →  必可創造公司高績效、  ←  各級主管
  因素        高信譽、高形象及永續      因素
              經營之優良成果！
```

圖4-2

（一）公司整體因素（必須做到）

1. 能建立良好、正確、全方位的經營制度與管理制度，即能制度化營運，而不是人治化。
2. 能打造出優良企業文化，並深入全員內心中及行為中。
3. 能塑造出公司長遠發展的終極願景。
4. 能招聘並培訓出公司各部門、各工廠、各中心的優良人才團隊；得人才者，得天下也。
5. 能採購及更新一流生產設備，製造出高品質、高附加價值產品出來。
6. 能給予具吸引力的薪資、獎金、福利及年薪等激勵措施，以留住優秀好人才。
7. 能達成經濟規模化狀態，以產生高度競爭力。
8. 公司整體及全方位能不斷創新、創造、改革、改變、革新、進步及成長。
9. 能不斷擴大事業版圖，給員工向上晉升與發展的新舞台及新空間。
10. 公司能實踐CSR（企業社會責任）+ESG兩者現時代的最新要求。
11. 公司能成功追求在資本市場IPO（上市櫃），以求公開、透明及長遠發展。
12. 公司能給全體員工認股，每位員工都是公司的股東及老闆。
13. 公司最高領導人必須兼具卓越領導力及最高品德性。
14. 公司最高領導人必須有前瞻性、能高瞻遠矚及超前布署。
15. 公司必須努力創造：股東、公司、員工三贏。
16. 公司要快速、敏捷、機動的應對外在大環境及競爭環境的變化。
17. 公司一定要有未來十年布局計劃（2025~2035年）及戰略成長思維。

總歸納 4　打造高績效／高動能團隊的 3 大類關鍵因素彙總

圖4-3

（二）各級主管領導與管理因素（必須做到）

1. 各部門、各工廠、各中心都要有一流的、具領導力的一級主管（副總經理級）
2. 各級主管應具備成功領導的下列法則：
   (1) 必須無私、無我、公平、公正。
   (2) 必須有良好的領導力＋管理力。
   (3) 必須不斷學習與時俱進。
   (4) 必須勇於挑戰新高業績。
   (5) 必須培訓出擁有正確的決策力。
   (6) 必須具備強大使命感及使命必達。
   (7) 必須勇於改變、改革、及革新。
   (8) 必須能與部屬相處融洽、並真心關心部屬，及為他們解決工作上的困難。
3. 各級主管必須建立代理人制度，隨時都有人可以代替自己。
4. 要永保技術一流與研發領先。
5. 要能打造出受人信賴的企業品牌及產品品牌。
6. 各級主管不能建立自己派系進行人事鬥爭。
7. 各級主管要有能力突破各種經營困境及困難。

圖4-4

（三）全體員工（部屬）因素（必須做到）

1. 全體員工要自動、自發，把事情做對、做好。
2. 全體員工要擁有凡事使命必達的心態。
3. 全體員工要具備主動性、積極性，而不是被動等上級交辦。
4. 全體員工對公司要有堅固的向心力、忠誠度及參與度。
5. 全體員工要接受更完整教育訓練課程，不斷追求技能上、知識上、觀念上的進步與升級。
6. 全體員工均應認股，成為公司股東，人人都是公司小老闆，把公司當成是自己的並且有獲利。
7. 全體員工都能享有比業界更好的薪資、獎金、福利、休假及年薪。
8. 全體員工都能跟隨公司的成長而成長。
9. 老員工必須打破舊思維、舊框架，要有所改變及進步，才能存活下去。
10. 全體員工要做好自己工作上的每個細節、每個品質。
11. 全體員工一定要團結合作，並做好跨部門間的溝通及協調。
12. 全體員工要善用授權，並權責一致性。

戴國良博士 圖解系列專書

工作職務	適合閱讀的書籍
行銷類 行銷企劃人員、品牌行銷人員、PM產品人員、數位行銷人員、通路行銷人員、整合行銷人員等職務	1FRH 圖解行銷學　　　　3M37 成功撰寫行銷企劃案 1F2H 超圖解行銷管理　　1FSP 超圖解數位行銷 1FSH 超圖解行銷個案集　3M72 圖解品牌學 3M80 圖解產品學　　　　1FW6 圖解通路經營與管理 1FW5 圖解定價管理　　　1FTG 圖解整合行銷傳播
企劃類 策略企劃、經營企劃、總經理室人員	1FRN 圖解策略管理 1FRZ 圖解企劃案撰寫 1FSG 超圖解企業管理成功實務個案集
人資類 人資部、人事部人員	1FRM 圖解人力資源管理
財務管理類 財務部人員	1FRP 圖解財務管理
廣告公司 廣告企劃人員	1FSQ 超圖解廣告學
主管級 基層、中階、高階主管人員	1FRK 圖解管理學 1FRQ 圖解領導學 1FRY 圖解企業管理（MBA學） 1FSG 超圖解企業管理個案集 1F2G 超圖解經營績效分析與管理
會員經營類 會員經營部人員	1FW1 圖解顧客關係管理 1FS9 圖解顧客滿意經營學

五南文化事業機構 WU-NAN CULTURE ENTERPRISE

f 五南財經異想世界

106臺北市和平東路二段339號4樓　TEL：(02)2705-5066轉824、889 林小姐

戴國良博士 大專教科書

工作職務	適合閱讀的書籍
行銷類 行銷企劃人員、品牌行銷人員、PM產品人員、數位行銷人員、通路行銷人員、整合行銷人員等職務	1FP6 行銷學　　　　　1FPL 品牌行銷與管理 1FI7 行銷企劃管理　　1FI3 整合行銷傳播 1FSM 廣告學　　　　　1FRS 數位行銷 1FPD 通路管理　　　　1FQC 定價管理 1FQB 產品管理　　　　1FS6 流通管理概論 1FP4 行銷管理實務個案分析
企劃類 策略企劃、經營企劃、總經理室人員	1FAH 企劃案撰寫實務 1FI6 策略管理實務個案分析
人資類 人資部、人事部人員	1FRL 人力資源管理
主管級 基層、中階、高階主管人員	1FPA 一看就懂管理學 1FP2 企業管理 1FPS 企業管理實務個案分析 1FI6 策略管理實務個案分析
會員經營類 會員經營部人員	1FRT 顧客關係管理

五南文化事業機構 WU-NAN CULTURE ENTERPRISE

f 🔍 五南財經異想世界

106臺北市和平東路二段339號4樓
TEL：(02)2705-5066轉824、889　林小姐

國家圖書館出版品預行編目(CIP)資料

超圖解打造高動能/高績效團隊：關鍵88堂課/戴國良著. -- 一版. -- 臺北市：五南圖書出版股份有限公司, 2025.03
　面；　公分
ISBN 978-626-423-191-6(平裝)

1.CST: 組織管理　2.CST: 企業組織　3.CST: 企業管理

494.2　　　　　　　114001111

1FAX

超圖解打造高動能／高績效團隊：關鍵88堂課

作　　　者：戴國良
編輯主編：侯家嵐
責任編輯：侯家嵐
文字編輯：陳威儒
封面完稿：姚孝慈
內文排版：賴玉欣
出　版　者：五南圖書出版股份有限公司
發　行　人：楊榮川
總　經　理：楊士清
總　編　輯：楊秀麗
地　　　址：106臺北市大安區和平東路二段339號4樓
電　　　話：(02) 2705-5066　傳　　真：(02) 2706-6100
網　　　址：https://www.wunan.com.tw
電子郵件：wunan@wunan.com.tw
劃撥帳號：01068953
戶　　　名：五南圖書出版股份有限公司
法律顧問：林勝安律師
出版日期：2025年3月初版一刷
定　　　價：新臺幣320元

※版權所有．欲利用本書內容，必須徵求本公司同意※

經典永恆・名著常在

五十週年的獻禮——經典名著文庫

五南，五十年了，半個世紀，人生旅程的一大半，走過來了。
思索著，邁向百年的未來歷程，能為知識界、文化學術界作些什麼？
在速食文化的生態下，有什麼值得讓人雋永品味的？

歷代經典・當今名著，經過時間的洗禮，千錘百鍊，流傳至今，光芒耀人；
不僅使我們能領悟前人的智慧，同時也增深加廣我們思考的深度與視野。
我們決心投入巨資，有計畫的系統梳選，成立「經典名著文庫」，
希望收入古今中外思想性的、充滿睿智與獨見的經典、名著。
這是一項理想性的、永續性的巨大出版工程。
不在意讀者的眾寡，只考慮它的學術價值，力求完整展現先哲思想的軌跡；
為知識界開啟一片智慧之窗，營造一座百花綻放的世界文明公園，
任君遨遊、取菁吸蜜、嘉惠學子！